橡胶木消费指南

刘能文◎主　编

喻迺秋　姚玉萍　戚士龙◎副主编

中国建材工业出版社

图书在版编目（CIP）数据

橡胶木消费指南 / 刘能文主编 .-- 北京：中国建材工业出版社，2022.4

ISBN 978-7-5160-3372-2

Ⅰ．①橡… Ⅱ．①刘… Ⅲ．①橡胶树－木材加工－消费－指南 Ⅳ．① S794.1-62

中国版本图书馆 CIP 数据核字（2021）第 242588 号

内容简介

本书系统地阐述橡胶木及其产业的发展历史、现状及趋势，介绍了橡胶木的历史文化、资源分布、产业结构、工艺流程及应用消费。本书可为橡胶木生产企业、贸易商、科研人员以及消费者等提供有价值的参考材料，对推动橡胶木产业自立自强、健康持续发展具有重要意义。

橡胶木消费指南

Xiangjiaomu Xiaofei Zhinan

刘能文　主　编

喻迺秋　姚玉萍　戚士龙　副主编

出版发行：中国建材工业出版社

地　　址：北京市海淀区三里河路 1 号

邮政编码：100044

经　　销：全国各地新华书店

印　　刷：北京天恒嘉业印刷有限公司

开　　本：787mm×1092mm　1/16

印　　张：14

字　　数：230 千字

版　　次：2022 年 4 月第 1 版

印　　次：2022 年 4 月第 1 次

定　　价：138.00 元

本社网址：www.jccbs.com，微信公众号：zgjcgycbs

本书如有印装质量问题，由我社市场营销部负责调换，联系电话：（010）88386906

编写指导委员会

编审顾问：李　坚

主　　审：王清文　邱　坚　熊先青　李家宁　张建辉

主　　编：刘能文

副 主 编：喻迺秋　姚玉萍　戚士龙

编写人员（按贡献排序）：

刘雪纯　张文强　李亚静　陈思禹　党文杰

韩玉杰　刘　瑾　张　贝　余小溪　刘小航

杨　剑　马　涛　肖　凌　赵　军

主编单位：

木材节约发展中心

国家木材与木制品性能质量检验检测中心

国家林业和草原局橡胶木及制品国家创新联盟

橡胶木产业联盟

参编单位：

国营景洪农场
佛山市亚兴贸易有限公司
佛山市荣嘉拼板有限公司
佛山市徙木人木业有限公司
鹤山市木森木制品有限公司
东莞市正立干燥设备有限公司
北京畅森体育科技有限公司
成都舒舍家具有限公司
邦尼达材料科技有限公司
佛山市中玛泰木业有限公司
佛山市迪成木业有限公司
西双版纳沧江木业有限公司
铸锐（上海）工业自动化有限公司
广东顺德荣豪数控机械有限公司

支持单位：

赣州市南康家具产业促进局
吉林省家具协会
四川省门窗行业协会
佛山市卫浴洁具行业协会
成都市门窗行业协会
南京林业大学
西南林业大学
江西省家具协会
广东省门业协会
赣州市南康区家具协会
佛山市顺德区木业商会
东北林业大学
华南农业大学
中国热带农业科学院橡胶研究所

PREFACE 序

随着经济社会的快速发展，我国已成为世界最大的木业加工国、贸易国和消费国。据统计，2020 年我国木业加工产值超过 2 万亿元，进出口贸易额 600 多亿美元，年商品木材贸易量达 2 亿立方米，消费量近 6 亿立方米。但是，我国森林资源匮乏，优质人工林资源偏少，材质偏低，木材对外依存度不断增加，随着部分国家逐步限制天然林原木出口及提高木材出口关税，我国木材资源安全问题日趋严峻。大力倡导木材资源节约、高值、高效利用，对缓解木材供需矛盾、保护森林资源、促进生态文明建设，践行“绿水青山就是金山银山”的理念具有重要意义。

橡胶林是宝贵的经济林，既能提供重要的战略物资——橡胶，还能提供优质的可持续木材资源。据不完全统计，目前全球橡胶林种植面积超过 1000 万公顷，每年可提供橡胶木锯材超过 1400 万立方米。我国每年进口橡胶木锯材量 400 多万立方米，进口单板及人造板 100 多万立方米，是进口阔叶木材中最大的单一品类。全球橡胶木产地主要集中在“21 世纪海上丝绸之路”国家，诸如泰国、马来西亚、印度尼西亚、越南、老挝、缅甸、印度、柬埔寨、南非等国。我国的海南省、云南省亦有丰富的橡胶木资源，每年可产 200 多万立方米原木以及 60 余万立方米的人造板。借助“一带一路”倡议，大力促进橡胶木的生产、流通与消费，将有助于加强中国与沿线国家在物流运输、产业园建设、经济贸易、科技创新、生态环境、人文交流等领域开展全方位合作，也可以促进区域经济发展及建立安全可控的木材供应链。

我国橡胶木生产加工及应用已有40多年的历史。早在20世纪80年代，木材节约发展中心的前身——国家经济委员会木材节约办公室率先在海南农垦进行橡胶木的功能性改良研究及应用推广，取得了丰硕的成果，促进了橡胶木的工业化生产及应用。橡胶木由过去的烧柴变为高档商用木材，成为人工林开发应用的典范。橡胶木具有性价比高、加工性能好、美观易装饰等优点，是我国实木家居的主要用材之一，广泛应用于家具、木门、卫浴、定制家居、装饰装修等领域。目前，我国橡胶木家居加工制造水平在全球处于领先地位，形成了以广东佛山、中山，江西赣州，海南儋州，云南西双版纳等为代表的主要制造集群地，极大地促进了橡胶木产业的进步与发展。

为贯彻落实绿色发展理念，实现碳达峰、碳中和目标，必须加快形成节约资源和保护环境的产业结构、生产生活方式，推动橡胶木资源的节约、高值、高效利用，促进橡胶木产业高质量发展。木材节约发展中心、国家木材与木制品性能质量检验检测中心、国家林业和草原局橡胶木及制品国家创新联盟（筹）、橡胶木产业联盟等，历时两年时间，编制了我国首部《橡胶木消费指南》。该书系统地阐述了橡胶木及其产业的发展历史、现状及趋势，介绍了橡胶木的历史文化、资源分布、产业结构、工艺流程及应用消费，为橡胶木生产企业、贸易商、科研人员以及消费者等提供有价值的参考材料，对推动橡胶木产业自立自强、持续健康发展具有重大意义。

中国工程院院士

FORE WORD 前言

面对琳琅满目的木制消费品，消费者往往陷入无所适从的茫然境地。为什么我们选择橡胶木？究竟该如何选购和使用橡胶木制品？针对这些问题，国家木材与木制品性能质量检验检测中心、木材节约发展中心等联合编制了《橡胶木消费指南》，围绕“为什么选择”“哪里去获得”“怎么使用”这三个主要问题，用浅显的语言将整个橡胶木产业消费方式呈现给消费者。书中提供最权威的检测数据和真实的产品图册，让读者明白橡胶木及其产品的各种消费方式和选购技巧。通过翔实的描述，让橡胶木从业者、消费者了解橡胶木产业的现状，增强从业者信心，培养消费者对橡胶木的认知。

本书编写分工如下：

统　稿：刘能文、喻迺秋、姚玉萍、戚士龙、刘雪纯；

第一章　橡胶树与橡胶木：姚玉萍、戚士龙、刘小航、李亚静；

第二章　中国木材供应与消费：刘能文、喻迺秋、戚士龙、刘雪纯、李亚静、余小溪；

第三章　橡胶木性能：喻迺秋、张文强、刘小航、陈思禹、韩玉杰、张贝；

第四章　橡胶木及其制品的加工工艺与技术：戚士龙、张文强、韩玉杰、杨剑；

第五章　橡胶木的应用与消费：喻迺秋、戚士龙、李亚静、党文杰；

第六章　橡胶木产业设备及辅料：戚士龙、刘雪纯、王凯伦、刘瑾、马涛；

第七章　橡胶木流通现状与趋势：刘能文、刘小航、戚士龙、刘雪纯、肖凌；

第八章　橡胶木产业投资：戚士龙、李亚静、陈思禹。

在《橡胶木消费指南》编写过程中，中国工程院院士、木材科学权威专家李坚高度重视，亲自作序。由于编者水平有限，书中不足之处在所难免，恳请广大读者批评指正。本书的编写工作还得到了佛山市双泰木业有限公司、佛山市百木隆家具有限公司、新鲁木工机械制造有限公司、佛山市乐曦木业有限公司、中农易板电子商务有限公司、八匹狼木工机械、江苏省家具协会、成都市家具行业商会、东升木门智能产业基地、缅甸农业部、印尼木材协会、泰国董里工业联合会、马来西亚木材理事会等单位的大力支持，对此表示诚挚的谢意。

编　者

▲《橡胶木消费指南》筹备会议（2017 年 11 月，广东佛山）

▲ 第三届世界橡胶木大会《橡胶木消费指南》编制正式启动（2018 年 1 月，云南西双版纳）

▲ 橡胶木整木定制研讨会议（2018 年 5 月，江苏苏州）

▲ 橡胶木卫浴研讨会及调研（2018 年 6 月，广东佛山）

▲ 重庆片区橡胶木家具、木门企业研讨及调研（2018 年 9 月）

▲ 赣州市南康区橡胶木家具企业研讨及调研（2018 年 10 月）

▲ 泰国橡胶木产业考察调研（2019 年 1 月）

◀ 第四届世界橡胶木产业发展大会（2019 年 5 月，江西赣州）

▲《橡胶木消费指南》审定会议（2019 年 11 月，广东佛山）

▲ 考察中国最大的橡胶木刨花板厂（2019 年 12 月，海南儋州）

▲ 考察中国单线最快橡胶木椅子自动化生产线（2020 年 6 月，江西赣州）

▲ 橡胶木木门研讨及自动化橡胶木木门生产线考察（2020 年 8 月，广东中山）

▲ 橡胶木指接板二次贴面技术交流（2020 年 8 月，广东佛山）

▲ 依托《橡胶木消费指南》内容打造首座橡胶木科研文化馆（2020 年 10 月，江西赣州）

◄ 考察橡胶木交易市场（2020 年 10 月，江西赣州）

▲ 考察云南橡胶木人造板（2021 年 11 月，云南普洱、昆明）

► 中国（赣州）第八届家具产业博览会橡胶木可持续木材展区（2021 年 4 月，江西赣州）

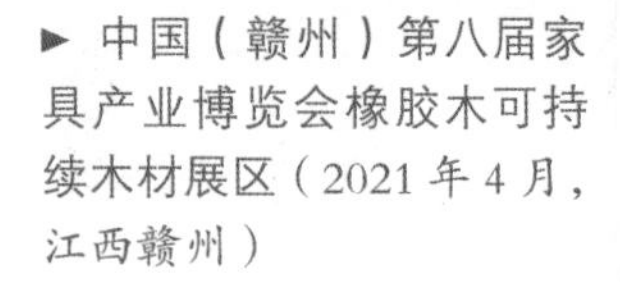

CONTENTS 

第一章

橡胶树与橡胶木

“如果没有橡胶树，就没有今天的汽车业，或许，整个世界的进程也受影响。”

——固特异

1000多年前，橡胶树默默地生长在南美洲亚马孙的密林深处。因其树皮被割破以后，有白色的胶乳向下流淌，在古印第安语中，橡胶树被称作“会哭的树”。橡胶树是一个比较典型的热带雨林树种，属高大乔木，经济寿命在30年左右，所分泌的胶乳是重要的工业原料。世界上使用的天然橡胶，绝大部分由橡胶树胶乳生产。天然橡胶因其高弹性、绝缘性、耐磨性、可塑性、隔水性和气密性等特点，广泛应用于工业、国防、交通、医药卫生和日常生活等领域。橡胶树每30~40年需要更新，成为重要的人工林资源之一，其木材材质轻、色泽淡雅、花纹美观，加工性能优良、尺寸稳定性好，可制作实木家具、木门、地板、卫浴柜、定制家居、木皮及小工艺品，也可以用于室内装饰装修材料。

第一节　橡胶树

一、橡胶树的介绍

橡胶树（*Hevea brasiliensis*），大戟科，橡胶树属（图1-1）。大乔木，高可达30米，有丰富的乳汁（图1-2）。树叶形态如图1-3所示，指状复叶具小叶3片；叶柄长达15厘米，顶端有2（3~4）枚腺体；小叶椭圆形，长10~25厘米，宽4~10厘米，顶端短尖至渐尖，基部楔形，全缘，两面无毛；侧脉10~16对，网脉明显；小叶柄长1~2厘米。其花如图1-4所示，花序腋生，圆锥状，长达16厘米，被灰白色短柔毛；雄花：花萼裂片卵状披针形，长约2毫米；雄蕊10枚，排成2轮，花药2室，纵裂；雌花：花萼与雄花同，但较大；子房2~6室，花柱短，柱头3枚。蒴果（图1-5）椭圆状，直径5~6厘米，有3纵沟，顶端有喙尖，基部略凹，外果皮薄，干后有网状脉纹，内果皮厚、木质；种子（图1-6）椭圆状，淡灰褐色，有斑纹。花期在5~6月。

图 1-1 橡胶树林

图 1-2 橡胶树胶乳

图 1-3 橡胶树的叶子

图 1-4 橡胶树的花

图 1-5 橡胶树的果实

图 1-6 橡胶树的种子

橡胶树主要分布于南北纬 10° 内，原主产区是巴西，其次是秘鲁、哥伦比亚、厄瓜多尔、圭亚那、委内瑞拉和玻利维亚。橡胶树属阳性植物，性喜高温、湿润、向阳之地，生长适宜温度 23~32℃，日照 70%~100%。

1876 年，英国人威克姆（H.Wickham，图 1-7）将 7 万颗橡胶树种子运出巴西，

图 1-7 英国人威克姆(H.Wickham)

送往英国。由于英国的自然环境和气候条件不适宜橡胶树的生长，在英国皇家植物园的温室里，仅有 2300 余颗橡胶树种子萌发出幼苗。随后，英国人将这些幼苗移植到其殖民地——斯里兰卡和马来西亚，从而逐渐被亚洲热带地区广泛栽培。如今，橡胶树主要栽培地区有：印度尼西亚（简称印尼）、泰国、马来西亚、缅甸、老挝、柬埔寨、印度、斯里兰卡及非洲部分国家。中国的橡胶树栽培区域主要包括中国台湾、福建南部、广东、广西、海南和云南。

二、橡胶树在中国的发展史

1904 年，中国云南德宏自治州土司刀安仁（图 1-8）从新加坡购买橡胶树树苗 8000 余株，几经周折运到云南省云江县新城凤凰山种植，开启了中国橡胶树的种植历史。到 1949 年，中国境内已经有各种类型的小胶园 4.2 万亩，橡胶树约 120 万株。

图 1-8 刀安仁

1. 大规模种植期（1950—1965 年）

20 世纪 50 年代初期，由于西方经济封锁，我国无法从国际市场上购买橡胶，也无法引进国外橡胶树优良品种和先进实用的生产技术。天然橡胶作为四大工业原料之一，在巩固国防、发展经济等方面均有重要的战略意义。因此，1951 年 8 月 31 日，时任中央人民政府政务院总理的周恩来召开了中央人民政府政务院第 100 次政务会议，对华南橡胶树种植工作进行部署，作出了扩大培植橡胶树的有关决定。1951 年 10 月，华南垦殖局在广东省广州沙面成立，叶剑英兼任局长；1952 年初，天然橡胶研究会成立；1953 年 1 月，林业部云南垦殖局成立。到 1957

年底，中国橡胶树实有面积达到 118.4 万亩（1 亩≈ 666.7 平方米）。

引种作为一项系统工程，是橡胶树种植工作中重要的一环。为引进和推广优良品种，我国在新中国成立前已开割的约 60 万株实生橡胶树群中开展优良母树选择，并注重维护与东南亚及南亚主要产胶国家的外交关系，引进橡胶树优良品种，学习先进实用的种植和割胶技术。图 1-9 所示为华南垦殖局在 1953 年为橡胶事业开拓者颁发的奖状。

图 1-9　1953 年，华南垦殖局为橡胶事业开拓者颁发的奖状

1958 年 4 月，林业部特种林业（橡胶）司司长、农垦部热带作物司司长何康率领亚热带作物研究所专家及其家属，从广州迁至海南儋县宝岛新村，建立华南热带作物科学院和华南热带作物学院（简称“热作两院”），揭开了新中国橡胶树种植和研究的新篇章。1960 年周恩来总理视察工作并题词，如图 1-10 所示。1960 年 1 月 29 日，时任中共中央书记处总书记、国务院副总理的邓小平视察华南“热作两院”。1963 年 3 月 3 日，时任全国人大常委会委员长的朱德赴华南视察。到 1965 年底，中国橡胶树实有面积达到 265.02 万亩。

2. 曲折发展期（1966—1978 年）

1969—1970 年，随着广东和云南生产建设兵团的成立，我国开始大面积开荒种植橡胶树，但保存率不足 30%。1975—1978 年，国家着力研究科学种胶、管胶和割胶的技术规程，同时做好前几年大发展胶园的补换植工作。到 1978 年底，中国橡胶树实有面积 552.05 万亩。图 1-11 所示为农垦橡胶园。

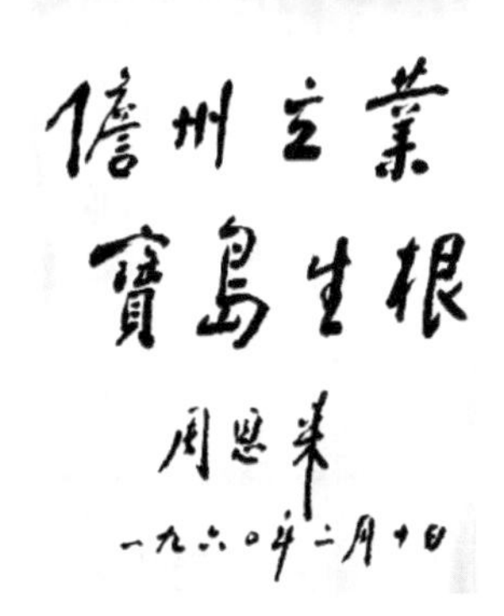

图 1-10　1960 年周总理题词

图 1-11　农垦橡胶园

3. 改革提升期（1979—2011 年）

1982 年，我国北纬 18°~24° 地区大面积种植橡胶树成功，获国家创造发明一等奖，如图 1-12 所示。1979 年 3 月，何康、黄宗道等主编的《热带北缘橡胶树栽培》一书出版，中国在橡胶树的组织培养等方面居于世界领先地位。1983—1996 年，胡耀邦、朱镕基、胡锦涛等国家领导人多次视察指导工作。1990—2001 年，国家进一步明确对天然橡胶生产采取“保护扶持、巩固提高、适当发展”的方针。到 2001 年底，中国天然橡胶树实有面积约 942.05 万亩。

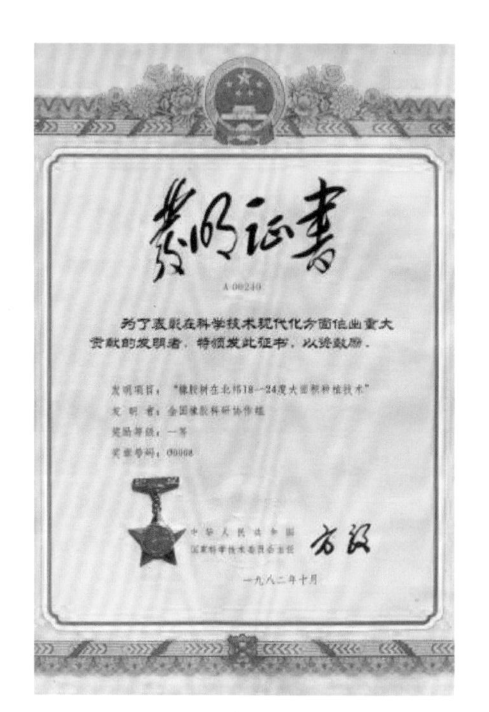

发明证书

A 00240

为了表彰在科学技术现代化方面作出重大贡献的发明者，特颁发此证书，以资鼓励。

发明项目：“橡胶树在北纬18—24度大面积种植技术”

发明者：全国橡胶科研协作组

奖励等级：一等

中华人民共和国

国家科学技术委员会主任　方毅

一九八二年十月

图 1-12　1982 年，“橡胶树在北纬 18°~24° 大面积种植技术”获国家创造发明一等奖

2003 年，我国成为世界最大的天然橡胶消费国和进口国。2007 年，国务院办公厅发布《关于促进我国天然橡胶产业发展的意见》，天然橡胶产业出现了国有民营两翼齐飞、境内境外共同发展的良好局面，民营橡胶园如图 1-13 所示。2005 年 4 月，时任全国政协主席的贾庆林视察橡胶产业。2011 年底，中国橡胶树实有面积达到 1621.97 万亩。

图 1-13 民营橡胶园

4. 更迭创新期（2012 年至今）

2011 年之后，受全球经济低迷等多种因素的影响，天然橡胶价格持续下跌。胶工、胶农弃胶改行，部分胶园改种其他作物，国内橡胶树种植产业陷入低谷。截至 2019 年，我国橡胶树种植面积已经超过 2200 万亩，天然橡胶年产逾 80 万吨，种植面积居世界第三位，产胶量居世界第四位，成为世界天然橡胶生产大国，但自产胶量无法满足需求，每年需要大量进口天然橡胶和合成橡胶。

随着我国实木家具生产工艺、配套设施和市场行业的发展，橡胶树割胶后的橡胶木逐渐进入人们的视野。橡胶木作为一种绿色环保的生物质材料，可采用短料齿接工艺生产成家具用材。通过技术革新，橡胶木的应用领域日益广泛，为橡胶木产业的发展奠定了重要基础。

三、橡胶树种植

橡胶树一度被认为只能种植于南纬 10° 到北纬 15° 的地理区域内，但经过我国热带农业科研者和一代又一代农垦人的不懈奋斗，成功将橡胶树的种植区域北移至北纬 18°~24°，海南岛全岛以及广东、云南部分地区均有大规模种植。

1. 橡胶树种苗培育

橡胶树种苗培育过程指从种子培育成种苗，将籽苗芽接后，经过练苗、增粗测量等环节，在苗圃基地培育观察，如图 1-14 所示。

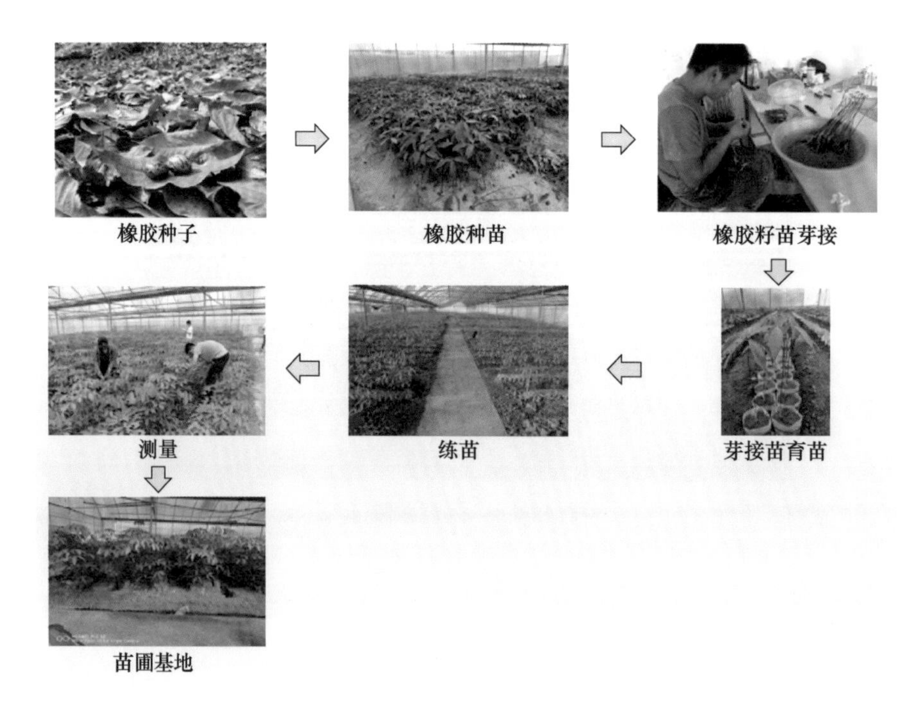

图 1-14 种苗培育过程

2. 橡胶树胶园开垦

按照既定的种植形式，采用水准仪等高定标法进行定标，开垦出等高的环山行面，如图 1-15 所示。根据规划定标的线路，开垦行面宽 1.8~2.5 米，行面内倾 12°~15° 的等高环山行，挖表土回穴并平整环山行面。环山行间的坡面种植覆盖作物，以提高拦水、渗水的效果。平缓地则采用十字线定标法定标。

图 1-15 开垦行面

胶园的开垦需考虑生产效率和抵抗风害的问题。按照山、水、林、路综合规划的原则，在开垦前规划好林段道路，确保林段道路通达率在 90% 以上，以减轻劳动强度，提高生产率。胶园外围需种植防护林，以抵御台风、强对流天气等灾害。

3. 苗木定植

胶园常采用宽行密株的植胶形式，行距 6~8 米，株距 2.8~3 米，亩植 32~37 株。芽接桩 3—6 月份定植，袋装苗 3—8 月份定植，高截杆芽接苗 3 月底前种植。苗木的种植位置在环山行中间，置于植穴中央，植株要与地面垂直。在定植深度上，芽接桩以芽接位下方离地 2~3 厘米为宜，袋装苗维持原位置，高截杆芽接苗适当深种，将接合点埋入地下。芽接桩、袋装苗在定植时，芽眼或枝条统一向环山行内壁。定植裸根苗，一般分 3~4 次回土压实，要保持主根垂直，侧根舒展。定植袋装苗，先用刀切破袋底，将袋放置于穴中，从下往上把塑料袋拉至一半高度，在土柱四周回土，均匀踩实，再将余下的塑料袋拉出，并继续回土压实。

种植苗木前，先清好植穴淋足水，再种植苗木回土，平整成锅底形，回土后再淋水，以确保定根水淋透，盖一层松土，最后在植株周围进行根圈盖草。定植后如果天气干旱，要求 3~5 天淋水一次，淋水量以胶苗根部半径 20 厘米范围内至根底部土壤湿润为准。定植后，以苗木为中心罩以竹框，再于竹框外围培土，形成土包。如没有竹框，用带叶树枝对芽接桩进行遮阴。

4. 扶管作业

苗木定植后需要对中小苗进行扶管作业。扶管作业主要包括：

①修枝抹芽

将多抽的接穗芽、断掉或枯萎的芽抹去，以促进苗木笔直地长高。对 2~3 年的苗木还需进行封顶端、修侧枝叶等工作。

②补换植

清点林段内的缺株或弱株，及时按计划补换这些苗木，以确保林段的保苗率和均匀度。

③行面锄草和盖草

除去林段行面的杂草。如已深翻改土的林段，则与行面管理同步进行肥穴压青加盖草，其目的在于保持水土，避免幼茎得日烧病、霜冻伤害。

④林带控萌及疏通

将乔木作物砍低至 20 厘米以下，杂草及藤本作物要从根部割断。林段周边 7 米以内进行砍芭疏通，确保林段良好的通风环境。

⑤覆盖作物的种植和管理

为了保持胶园的水土、培肥土壤，需要在雨季之前种植爪哇葛藤和豆科作物。

⑥胶园施肥

3—9 月，根据抽叶的情况施放化肥 2~3 次，有机肥则安排在 8 月至次年 3 月，结合冬春管理进行施放，水肥需在 3 年内苗每抽生一至二蓬叶施一次。

⑦翻深改土

对于 4 年以上林段，全面进行深翻改土挖肥穴，二株一穴，一用多年。同时，进行扩行，使行面在 2.5 米宽以上（地势陡的地方可适当降低）。挖好肥穴的林段要及时压足青料，施足有机肥，再进行盖草。

5. 病虫害防治

橡胶树常受病虫害侵扰，若无法有效地进行防治，将出现大片的病死胶林，损失巨大。橡胶树常见的病害及其防治方法有：

①白粉病

多发生于橡胶树的嫩叶、嫩芽及花序，不危害老叶片。感染此病初期，嫩叶出现辐射状透明菌斑，病斑初期多数为圆形，后期发展为不规则形。之后病斑上出现白粉，病害严重时，病叶布满白粉，叶片皱缩畸形而脱落。花序感病后也出现白色不规则形病斑，严重时花蕾大量脱落、凋萎。

该病的防治方法为：加强栽培管理和选育抗病品种，增施肥料，促进橡胶树生长，提高抗病和避病能力。此外，还需减少越冬菌源。具体做法为：在橡胶树抽芽前，摘除冬梢，每株保留 2~3 条粗壮嫩梢，并用硫黄粉喷撒或 25% 丙环唑（敌力脱）稀释 2000~3000 倍液或 18.7% 丙环・嘧菌酯（扬彩）稀释 2000 倍液喷雾防治，混加氨基酸叶面肥效果更佳。

②炭疽病

该病发生在橡胶树的叶片、嫩梢及胶果上。嫩叶感病后，出现形状不规则、暗绿色的水渍状病斑，即急性型病斑。该病斑较多出现在阴湿天气下，扩展快，边缘常有黑色坏死线，严重时叶片皱缩干枯、容易脱落。嫩梢、叶柄感病后，出现黑色下陷小点或黑色条斑。该病斑初期为黑褐色，扩大后环绕整个嫩梢，导致病部以上的嫩梢枯死，向下蔓延可使整株芽接苗死亡。

该病的防治方法为：加强抚育管理，提高胶树和胶苗的抗病能力。对于历年重病林段和易感病品系，可在橡胶树越冬落叶后至抽芽初期施用速效肥，以促进其抽叶迅速、整齐。在病害流行末期也可施用速效肥，排除积水，促进病树迅速恢复生长。田间化学防治从 30% 抽叶开始，若气象预报未来 10 天内有连续 3 天以上的阴雨天或大雾天气，应在低温阴雨天来临前喷药防治；可用 25% 丙环唑（敌力脱）稀释 3000 倍液喷雾，或 80% 代森锰锌（大生）稀释 800 倍液喷雾，或 50% 咪鲜胺锰盐（施宝功）稀释 2000 倍液喷雾防治。

③溃疡病

病害初发生时，橡胶树新割面上会出现一条至数十条竖立的黑线，呈栅栏状，病痕深达皮层内部至木质部。黑线可汇成条状病斑，病斑所在区域表层坏死，针刺无胶乳流出，该病斑细分为急性扩展型、慢性扩展型和稳定型 3 种。若逢低温阴雨天气，新老割面上出现水渍状斑块，伴有流胶或渗出铁锈色的液体。若在雨天或高湿条件下，病部长出白色霉层，老割面或原生皮上出现皮层隆起、爆裂、溢胶。刮去粗皮，可见黑褐色病斑，边缘呈水渍状，皮层与木质部之间夹有凝胶块，除去凝胶后木质部呈黑褐色。

该病的防治方法为：加强林段抚育管理，贯彻冬季安全割胶措施，提高割胶技术，保护高产橡胶树。采用化学防治的方法：割胶季节割面出现条状溃疡黑纹病斑时，应及时涂施 44% 精甲 · 百菌清（菲格）稀释 150 倍液或 47% 春雷 · 王铜（加瑞农）稀释 150 倍液，2 次即可控制病斑的扩展。

第二节　橡胶木

1900 年，日本成为全世界第一个使用橡胶木的国家，并把橡胶木称之为白柚木（white teak）。随后，橡胶木制品逐步在马来西亚、越南等国流行起来。近年来，随着国民消费水平的提高和对健康家居环境的重视，橡胶木及其制品因具备绿色、低碳、环保、可再生、可持续的优点，成为消费者追求美好生活的重要选择。

一、基本情况

橡胶树是一种经济效益较好的速生多用途树种，其经济周期在30年左右，之后橡胶树的有效割株率减小、产胶量下降，需要进行更新。到更新时，橡胶树高度20~30米，胸径20~40厘米，且树干通直，出材率在60%以上，可进一步开发成可利用的橡胶木资源。

过去，橡胶木被作为木柴，用于烧砖制窑、烘烤烟叶等。随着人们对实木家具需求的增大，以及天然硬木资源的日渐枯竭，橡胶木开始进入人们的视野，并凭借其性价比高、加工性能好、木材花纹美观、涂饰性好等优点，成为实木制品及装饰装修的主要用材。

橡胶木的三大生产国都在东南亚，分别是泰国、印尼、马来西亚，我国海南、云南、广东等地也有种植。全世界橡胶木产量每年可达5200万立方米（原木材积），能生产锯材约1400万立方米，是所有阔叶木材中最大的单一品类。

二、橡胶木的主要价值

1. 感官舒适

橡胶木花纹美观、色调柔和。木纹由生长轮、木射线、轴向薄壁组织等相互交织形成，受生长时间、区域、气候等因素影响，不同部位的纹理、色彩和脉络多变起伏，彰显生命之美感。明度、色调和色饱和度常用于描述木材材色。橡胶木材色属橙黄系，给人以温暖之感；其明度值为56.85，经180℃和210℃热处理后，明度值变为44.36、31.06，分别降低了21%、45%，色调变化与明度类似，材色由淡雅的黄色变为深褐色，更为质朴和沉静。

橡胶木具有良好的触觉特性。在18℃室温条件下，人体在接触混凝土材料时，皮肤温度降低最大，其次为塑料，木材及木制品引起的变化最为轻微。冷暖感、粗滑感、软硬感为评价某种物体触觉特性的指标，以W、H、R分别代表这3种感觉特性的心理量，则可形成一个直角坐标空间（简称WHR空间）。橡胶木属于第V类别，其冷暖感偏温和，粗滑感和软硬感适中，给人以适宜的刺激和良好的感觉。橡胶木及各种材料触觉特性综合分析见表1-1。

表 1-1 橡胶木及各种材料触觉特性综合分析

类别	材料
Ⅰ	水磨石、大理石、不锈钢（0.2mm 厚）、不锈钢（0.05mm 厚）、铝板（0.3mm 厚）、铝板（0.5mm 厚）、大理石（粗磨）、透明玻璃
Ⅱ	环氧树脂板、P 瓷砖、三聚氰胺板、聚丙烯板、聚酯板
Ⅲ	混凝土板、型面玻璃、石膏板、塑料水磨板、瓷砖水泥刨花板、水泥石棉、压花瓷砖
Ⅳ	水泥木丝板
Ⅴ	橡胶木、熟皮、泡桐、被褥、柳桉、软质纤维板、硬质纤维板
Ⅵ	草垫、席子、鹿皮
Ⅶ	绒毯（羊毛）、绒毯（丙烯类）、毛皮

2. 宜居价值

①室内温湿度调节特性。大气环境的温度和绝对湿度随着季节的变化而变化。由于木材吸湿解吸特性，木质房屋的年平均湿度比混凝土房屋低 8%~10%，变化范围保持在 60%~80%，接近最佳居住环境相对湿度 60% 的指标。同样地，使用橡胶木制品及装饰材料亦有利于调节外部温湿度变化所引起的室内环境变化。

②空间声学特性。橡胶木作为室内装饰装修材料时，因其多孔性构造特征、材质硬度适中，声阻抗居于空气和其他固体材料（金属、水泥、瓷砖等）之间，具有较好的吸音、隔音能力，回声小、混响时间适当，室内环境较混凝土住宅更加宁静、舒适。

3. 健康价值

橡胶木具有对生物体的调节特性。橡胶木材质天然、质地温润、散发淡淡的香气，这些挥发物含有萜烯类化合物，具有良好的生理活性，可以缓解紧张与疲劳，令人身心愉悦。据有关资料显示，居于木质住宅中，人的平均寿命有所延长，较混凝土住宅延长 9—11 岁。随着室内木材率的增加，人体的温暖感、稳静感、舒畅感的下限值逐渐上升，因癌症等疾病引起的死亡率降低。日本学者研究发现，木质环境能营造出自然舒适的居住氛围，对生物体的生理状况具有良好的调节作用，优于混凝土与金属。

4. 绿色可持续

橡胶林是优质热带森林生态系统的重要组成部分。20 世纪 80 年代，海南天然橡胶基地被联合国人与生物圈委员会赞誉为建设以橡胶人工林生态取代低质低效的热带灌丛草地生态的最佳系统，以橡胶树为主的林木覆盖，造就绿化环境、涵养水源、保持水土、可持续发展的良好环境，不仅大大提高了森林覆盖率，还对改善环境条件，维护热带地区生态平衡发挥了重要作用。据试验测定，1 公顷橡胶林 1 天可吸收二氧化碳 1000 千克，可制造氧气 730 千克，橡胶林犹如天然的“氧吧”。据不完全统计，中国每年更新橡胶树面积约 3 万公顷，生产原木约 120 万立方米，可提供橡胶木锯材 72 万立方米，相当于减少 120 万立方米天然林的采伐。

第二章

中国木材供应与消费

第一节　森林资源状况

森林生态系统是陆地生态系统的主体，森林面积虽只占全球陆地非冰表面的40%，但其生物量约占陆地生物量的90%，包括60000余个不同树种、80%的两栖类物种、75%的鸟类物种和68%的哺乳类物种。森林生态系统的土壤碳储量约占全球土壤碳储量的73%，是全球气候系统的重要组成部分，在陆地生态系统碳循环中占有十分重要的地位。此外，其还具有涵养水源、保育土壤、积累营养物质、净化大气环境、保护生物多样性、森林防护和森林游憩等生态服务功能。因此，保护森林也是维护生态平衡、应对全球气候变化的关键，具有环境保护和提供木材的双重功效。

一、世界森林资源概况

《2020年全球森林资源评估》报告显示，全球森林面积共计40.6亿公顷，约为陆地总面积的31%。包括俄罗斯在内，欧洲占全球森林面积的25%，其后依次是南美洲（21%）、北美洲和中美洲（19%）、非洲（16%）、亚洲（15%）和大洋洲（5%）。全球森林面积呈持续减少趋势，1990年以来损失了1.78亿公顷森林。不过，由于一些国家采取措施遏制毁林，同时另一些国家通过造林和森林自然扩张增加了森林面积，1990—2020年间森林净损失率大幅下降。

2010—2020年间，非洲森林年净损失率最大，多达390万公顷。2010—2020年间，亚洲森林面积净增益最高。据估计，1990年以来，由于毁林、造田等森林土地用途改变，全球损失了4.2亿公顷森林。不过，森林损失速度已大幅下降。2015—2020年间，年毁林面积估计为1000万公顷，少于2010—2015年间的1200万公顷和1990—2000年间的1600万公顷。

1990年以来，保护区内森林面积增加了1.91亿公顷，估计达7.26亿公顷（占报告国家森林总面积的18%）。此外，各区域实行管理计划的森林面积均在增加。2000年以来，全球增加了2.33亿公顷，2020年略超20亿公顷。

2010—2020 年间，全球森林面积年均净损失最多的 10 个国家如下：巴西、刚果民主共和国、印度尼西亚、安哥拉、坦桑尼亚、巴拉圭、缅甸、柬埔寨、玻利维亚、莫桑比克。同期森林面积年均净增长最多的 10 个国家如下：中国、澳大利亚、印度、智利、越南、土耳其、美国、法国、意大利、罗马尼亚。

二、中国森林资源概况

中国改革开放 40 年间，森林覆盖率由 12.7% 提高到 22.96%，森林蓄积增加 85 亿立方米。特别是自 20 世纪 80 年代末以来，森林面积和森林蓄积连续 30 年保持“双增长”，成为全球森林资源增长最多的国家。第九次全国森林资源清查（2014—2018 年）共调查固定样地 41.5 万个，清查面积 957.67 万平方千米。结果显示，全国森林覆盖率 22.96%，森林面积 2.21 亿公顷，其中，人工林面积 7954 万公顷，继续保持世界首位。森林蓄积 175.6 亿立方米。森林植被总生物量 188.02 亿吨，总碳储量 91.86 亿吨。年涵养水源量 6289.50 亿立方米，年固土量 87.48 亿吨，年滞尘量 61.58 亿吨，年吸收大气污染物量 0.40 亿吨，年固碳量 4.34 亿吨，年释氧量 10.29 亿吨。清查结果表明，中国森林资源步入了良性的发展轨道，呈现出数量持续增加、质量稳步提升、功能不断增强的发展态势，初步形成了国有林以公益林为主、集体林以商品林为主、木材供给以人工林为主的合理格局。历次全国森林资源清查结果如图 2-1 所示。

森林清查	森林面积（亿公顷）	森林蓄积（亿立方米）	森林覆盖率（%）
第一次（1973—1976）	1.22	86.56	12.7
第二次（1977—1981）	1.53	90.28	12
第三次（1984—1988）	1.25	91.41	12.9
第四次（1989—1993）	1.34	101.27	13.92
第五次（1994—1998）	1.59	112.67	16.55
第六次（1999—2003）	1.75	124.56	18.21
第七次（2004—2008）	1.95	137.21	20.36
第八次（2009—2013）	2.08	151.37	21.63
第九次（2014—2018）	2.21	175.6	22.96

图 2-1 历次全国森林资源清查结果

但是，我国的木材资源总量极为匮乏，人均占有量严重不足的格局依然存在，9 亿亩人工林面积中，以杉木、马尾松和杨树三种低质木材为主的林地面积约占 60%。其中，人均森林面积 0.15 公顷，不足世界人均占有量的 1/4；人均森林蓄积 12.5 立方米，只有世界人均占有量的 1/7。2017 年我国开始全面停止天然林商业性采伐政策，国内木材供应大幅减少，进口优质木材资源和合理规划使用中国现有的经济林木材资源已成为木业经济可持续发展的重大战略。随着世界各国可持续发展理念和环保意识不断增强，不少国家开始限制天然林原木出口或提高木材出口关税，加大了我国木材进口难度。党的十九大将中国制造推向了绿色和高质量相互协调发展的新高度，提出“必须坚持节约优先、保护优先、自然恢复为主的方针，既要创造更多物质财富和精神财富以满足人民日益增长的美好生活需要，也要提供更多优质生态产品以满足人民日益增长的优美生态环境需要”。因此，既要满足人民对美好家居制品的需要，又要满足生态建设的需要，这一双重功能给我国木材供应、木材制造产业与生态文明建设如何协调发展提出了巨大的挑战。因此，大力开展木材节约代用、提高木材综合利用率、促进木材高质高效利用、推动人工林的发展，是符合中国特色社会主义发展的有力措施和有效途径。

三、橡胶木资源状况

橡胶树原产于巴西，现为世界多数热带、亚热带地区人工种植。橡胶木作为高效益可循环经济林，既能确保木业经济发展，又能保护生态环境和森林资源的协调一致，是木业经济可持续发展的典范。截至 2020 年，全世界种植面积超过 1000 万公顷，其中 90% 分布在亚洲。橡胶树在中国南方广泛种植，分布于海南、云南、广东、广西、台湾等地，这一潜在木材资源的充分利用，可在一定程度上缓解中国木材供应紧张及对进口木材依赖的压力。

1. 东南亚橡胶木资源分布

橡胶木种植资源主要分布在亚洲地区，包括印尼、泰国、马来西亚、印度、斯里兰卡、中国和越南等国。亚洲各国橡胶木种植面积及占比如图 2-2 所示。

橡胶木的单产取决于橡胶树品种、种植条件和管理水平，橡胶木前三大生产国都在东南亚，分别是印尼、泰国和马来西亚。橡胶木种植单产及相关换算数据见表 2-1。

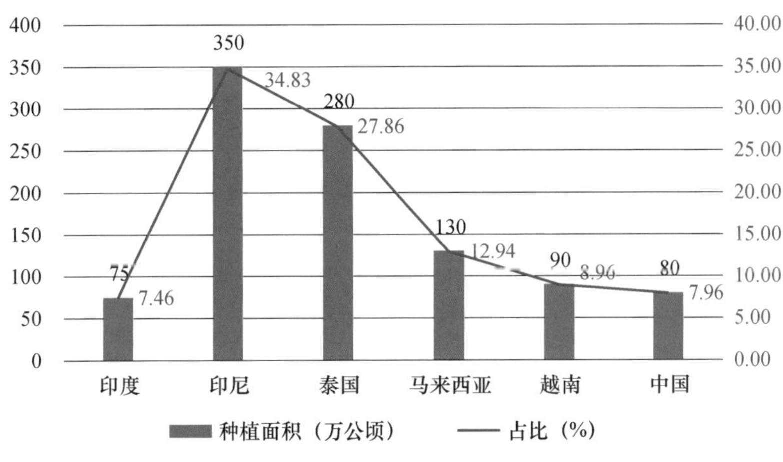

图 2-2 亚洲各国橡胶木种植面积及占比

表 2-1 橡胶木种植单产及相关换算数据

胶 园	木材单产（立方米 / 公顷）	原木单产（立方米 / 公顷）	锯材单产（立方米 / 公顷）
大胶园	190	57	18.1
小胶园	180	54	10.8

注：1. 橡胶木单产水平在 140~200 立方米 / 公顷之间；
2. 橡胶木的单产取决于橡胶树品种、种植条件和管理水平；
3. 8 厘米树围的橡胶树材积达 0.8 立方米 / 株。

印尼、泰国和马来西亚的橡胶木产量逾 680 万立方米。据估算，若各区域橡胶木正常采伐，原木年供应量可达 5200 万立方米，其中 1400 万立方米为制材原木。

泰国橡胶树种植面积 276.5 万公顷，橡胶木产量约占世界总产量的 30%，单产高于世界平均水平，生产潜力大。如同其他国家，泰国的森林资源贫乏，严重影响木制品产业，包括复合板产业的发展。在泰国，橡胶木对木制品产业起重要作用，橡胶木弥补了天然热带森林木材的短缺，也缓解了非法砍伐木材的压力，几乎 80% 的刨花板和中密度板以低质量的橡胶木为生产原料，同时，橡胶木也是制材的重要原料。大多数刨花板和中密度板用于制作柜子和模板门面料等，以出口到日本和越南为主。但泰国的橡胶锯木产业仍不发达，小型和中型橡胶锯木厂占据主要市场。80% 的泰国橡胶锯木出口到中国、越南和马来西亚，其余的在泰国国内家具厂加工消费。

印尼橡胶树种植面积超过 350 万公顷，印尼橡胶主产区在苏门答腊省和加里曼丹省，苏门答腊省的橡胶木产量占印尼总产量的 40%。印尼 85% 的胶园主要由小胶园主经营。为了提高橡胶木下游产业的附加值，2004 年 10 月，印尼政府出台了禁止出口橡胶锯木政策，严重缩减了橡胶锯木的直接出口量，将橡胶木加工成家具，出口到中国台湾、日本和新加坡等。一些国际家具公司如宜家（IKEA），从2000年起开始从印尼进口橡胶木家具，再销往世界各地。

马来西亚橡胶园种植面积超过123万公顷，收获面积为110万公顷，更新面积为2.3万公顷，其中，小胶园面积所占比例为95.8%；橡胶主产区集中在马来西亚半岛、沙捞越州和沙巴州，橡胶被列为马来西亚政府战略物资。马来西亚为世界第十大家具出口国，产品出口至60个国家和地区，橡胶木对家具和家具部件生产的重要性愈发明显，其中，橡胶木制品占木家具制品的80%。其橡胶木家具主要出口到美国（占34%）、欧盟（17%）、日本（11%）、澳大利亚（8%）、新加坡（7%）、沙特阿拉伯和科威特（7%）、加拿大（3%），出口到其他国家的占13%。

越南橡胶树种植面积83.42万公顷，是越南的主要森林资源之一，共有54.9万公顷橡胶园，主要分布在东南部、中部高地和沿海地区。由于橡胶园更新速度减慢，因此橡胶木原料减少，橡胶木材年产量为1万立方米。

印度橡胶种植面积超过75万公顷，橡胶主产区在喀拉拉邦，86%的胶园由小胶园主经营。其橡胶木加工业的发展比较晚，橡胶木利用率仅为8%，目前正在积极推广利用橡胶木生产高档产品的项目。

2. 中国橡胶木资源分布

中国橡胶主产区分布在海南、云南和广东省。其中，海南202.10万公顷，占51.82%；云南167.86万公顷，占43.04%；广东17.78万公顷，占4.56%，如图2-3所示。中国国内每年更新出产的原木约130万立方米。

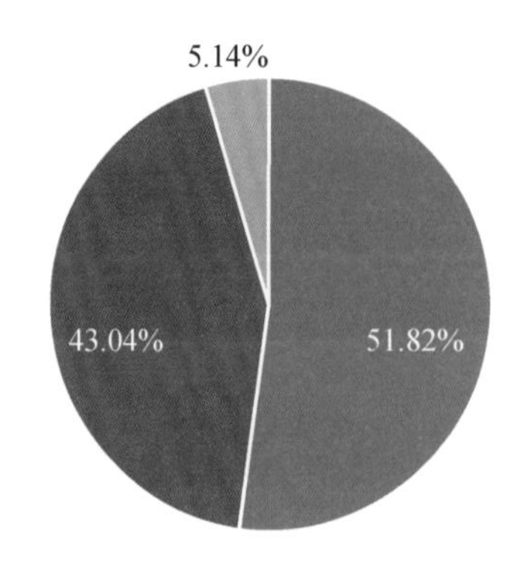

图2-3 中国橡胶木种植面积分布

第二节 木材供应与消费趋势

木材是唯一集可储碳、可再生、可降解、可循环利用于一体的绿色材料，是我国国民经济建设和人民生活必需的重要物资，广泛应用于生产、交通、建设、装饰装修、包装以及生活等各领域。以“木”为主要元素的设计在特色建筑和装饰装修等领域得到应用推广，发展木材及木制品应用领域对实现“节能减排”、“碳达峰”和“碳中和”双承诺，应对全球气候变化具有重要意义。

一、原木及锯材供应与消费

中国年均木材总消费量已近6亿立方米，其中，商品木材需求对外依存度已接近60%，中国木材供应安全形势严峻。如果达到世界人均年消费木材0.7立方米水平，中国每年木材需求总量将超过9亿立方米。

1. 中国木材供应来源

中国进口木材资源主要来源国包括：俄罗斯、新西兰、泰国、德国、加拿大、美国、瑞典、芬兰、澳大利亚、捷克、巴布亚新几内亚、所罗门群岛、日本、乌克兰、加蓬、白俄罗斯、乌拉圭、法国、巴西、刚果（金）、喀麦隆、智利、菲律宾、坦桑尼亚、罗马尼亚等。

2. 中国进口木材资源入境口岸分布

中国进口木材资源入境口岸主要包括边境口岸、沿海港口和内陆口岸。其中，边境口岸有阿拉山口、二连浩特、满洲里、绥芬河和云南各边境口岸；沿海港口有大连、曹妃甸、天津、青岛、烟台、日照、连云港、张家港、宁波、舟山、温州、福州、厦门、深圳、广州、珠海、湛江和海口港；内陆口岸主要为赣州、成都、武威、西安、郑州和重庆等。

3. 世界木材资源供应与消费

根据 2018 年版 FAO（联合国粮食及农业组织）年鉴数据，2016 年世界工业用原木消费 18.78 亿立方米，锯材消费 4.62 亿立方米。中国工业用原木千人均消费 149 立方米（图 2-4），相当世界人均水平的 60%；锯材千人均消费 76 立方米，是世界人均水平的 1.2 倍（图 2-5）。这些数据与欧美等发达国家还有一定差距，中国木材市场还有很大的发展空间。

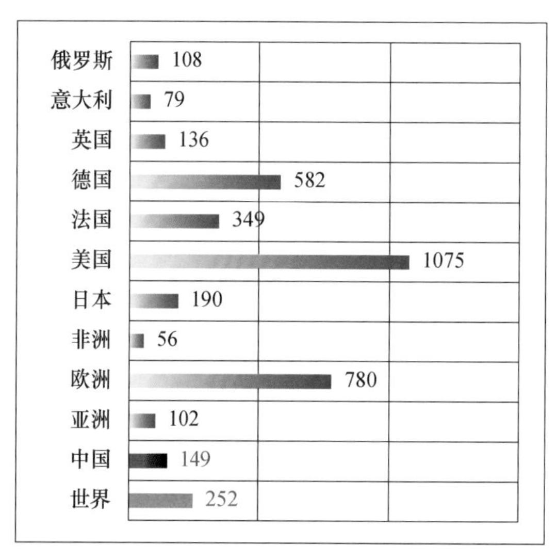

图 2-4　主要国家和地区人均消费工业原木（立方米 / 千人）

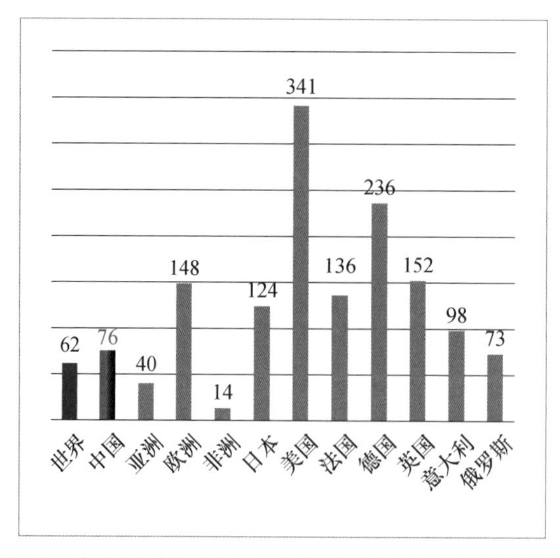

图 2-5　主要国家和地区人均消费锯材（立方米 / 千人）

4. 中国进口木材与国产木材

中国虽然是林业大国，人工速生林多，但大径优质木材还要长期依靠进口。国外对原木出口的限制将进一步促使锯材比例的上升，同时会对中国木业加工产业布局和结构产生一定影响。2020 年，中国进口木材 10802 万立方米，同比下降 5%。其中，进口原木 5975 万立方米，同比下降 0.09%；进口锯材 3399 万立方米，同比下降 10.75%。国产木材 8727 万立方米，同比下降 13.1%。相关数据如图 2-6、图 2-7 所示。

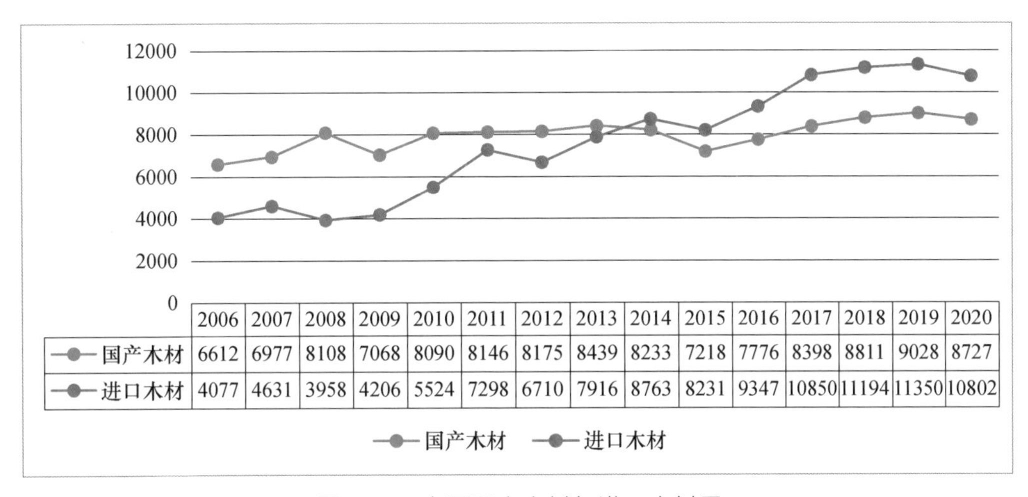

	2006	2007	2008	2009	2010	2011	2012	2013	2014	2015	2016	2017	2018	2019	2020
国产木材	6612	6977	8108	7068	8090	8146	8175	8439	8233	7218	7776	8398	8811	9028	8727
进口木材	4077	4631	3958	4206	5524	7298	6710	7916	8763	8231	9347	10850	11194	11350	10802

图 2-6 中国国产木材与进口木材量

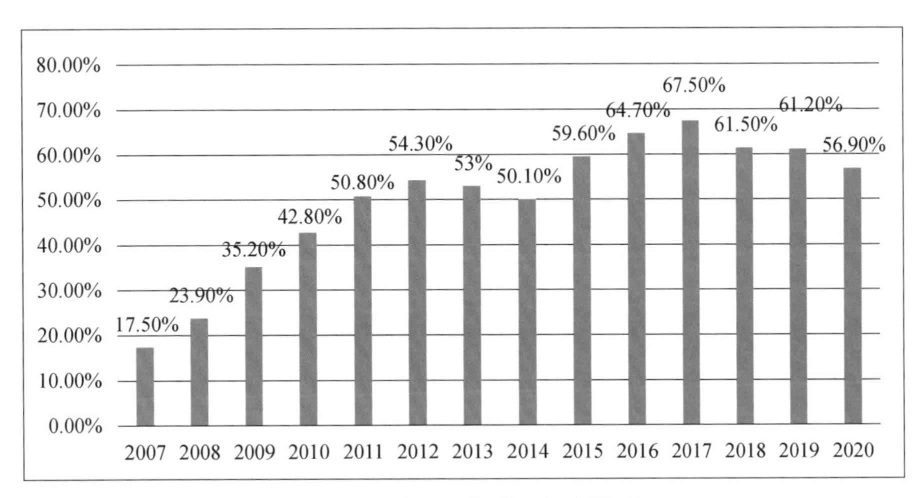

图 2-7 中国历年进口锯材比重

5. 橡胶木供应与消费趋势

据统计，2020 年中国消耗橡胶木锯材 430 万立方米，其中，进口锯材约 360 万立方米，是中国进口阔叶锯材最大的单品分类，占比约 40%，国内锯材约 70 万立方米；消耗国内橡胶木人造板约 45 万立方米，消耗进口橡胶木单板及胶合板超 30 万立方米，如图 2-8 所示。橡胶木作为中国进口优质阔叶锯材最大的单一品类，既满足了人民对实木家居日益增长的需求，又有效缓解了优质实木家居材种供需矛盾。

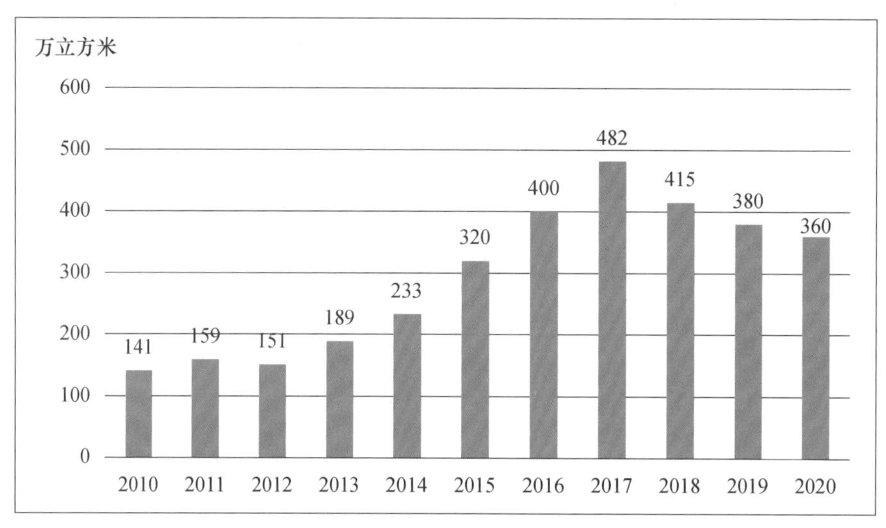

图 2-8　中国橡胶木锯材进口量

图 2-9　橡胶木主要消费领域

橡胶木锯材大部分用于生产橡胶木指接板和家具辅件，橡胶木指接板应用领域主要有实木家具、木门、卫浴柜、整木定制等。橡胶木原木可生产单板、胶合板，枝丫及加工剩余物主要用来生产刨花板，这两款人造板可用于定制家居、家具、生态门、墙板的生产。橡胶木薄木皮可以制作精美的工艺品。橡胶木单板层积材在木结构、户外景观等场合有着广泛的应用，如图 2-9 所示。

二、家具生产与消费

1. 总体情况

2020 年，中国家具行业规模以上企业数量 6544 家，累计产量 9.12 亿件，同比下降 1.03%，完成营业收入 6875.43 亿元，同比下降 6.01%；利润总额 417.75 亿元，同比下降 11.06%，营业收入利润率为 6.08%，同比减少 0.35 个百分点；出口交货值 1554.34 亿元，同比下降 11.26%（图 2-10）。规模以上家具企业产量前十的地区依次是浙江、广东、福建、江苏、江西、山东、河南、河北、四川、辽宁，上述地区家具产量占全国家具总产量的 91% 以上。2020 年家具行业受新冠肺炎疫情影响较大，行业企业面临严峻的考验和压力，年末随着国家一系列调控政策的实施，家具生产逐步恢复，消费需求有所回暖，行业运行呈现逐季改善局面。

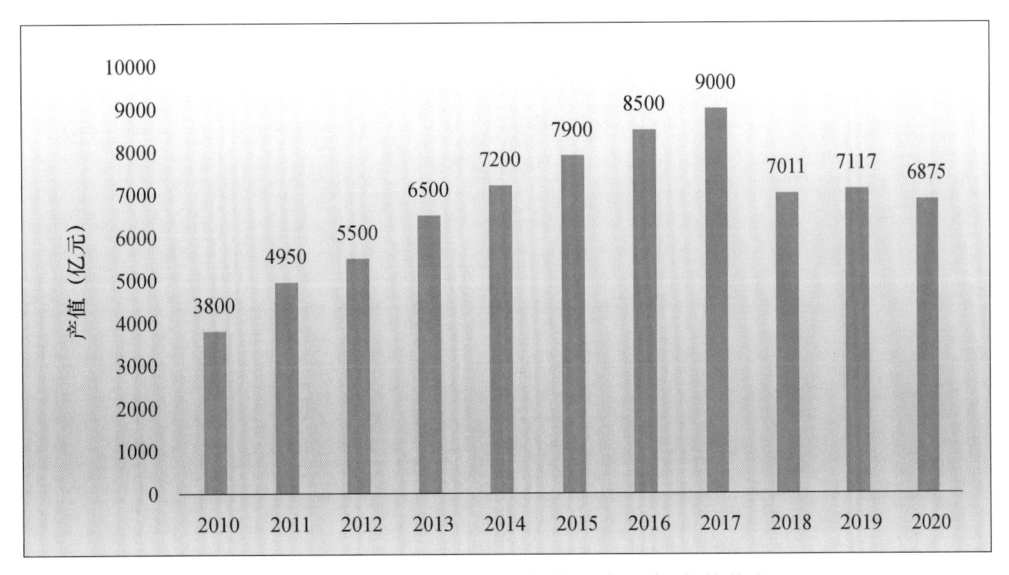

图 2-10　2010—2020 年中国家具年主营收入

2. 产业概况

2020 年，中国木质家具规模以上企业数量 4182 家，累计产量 32157.27 万件，同比增长 0.99%，完成营业收入 4087.2 亿元，同比下降 8.43%，占家具行业营业收入的 59.45%；利润总额 224.22 亿元，同比下降 15.65%，占家具行业利润总额的 53.67%；营业收入利润率为 5.49%，出口交货值 614.53 亿元，同比下降 17.08%，占家具行业出口交货值的 39.54%。

2020 年，中国木质家具产量前五的地区依次是广东、浙江、山东、福建、江西，其中，广东累计产量 6063.20 万件（同比下降 11.17%），占全国木质家具产量（下同）的 18.85%；浙江累计产量 4229.39 万件（同比增长 1.03%），占 13.15%；山东累计产量 3471.44 万件（同比增长 4.30%），占 10.80%；福建累计产量 3456.54 万件（同比下降 6.77%），占 10.75%；江西累计产量 3437.62 万件（同比下降 0.38%），占 10.69%。在上述地区中，江苏、安徽、山东、浙江产量同比实现正增长，江苏同比增长 90.92%，涨幅最大；广东、重庆、福建木质家具产量降幅居前三位，同比分别下降 11.17%、9.29%、6.77%，如图 2-11 所示。

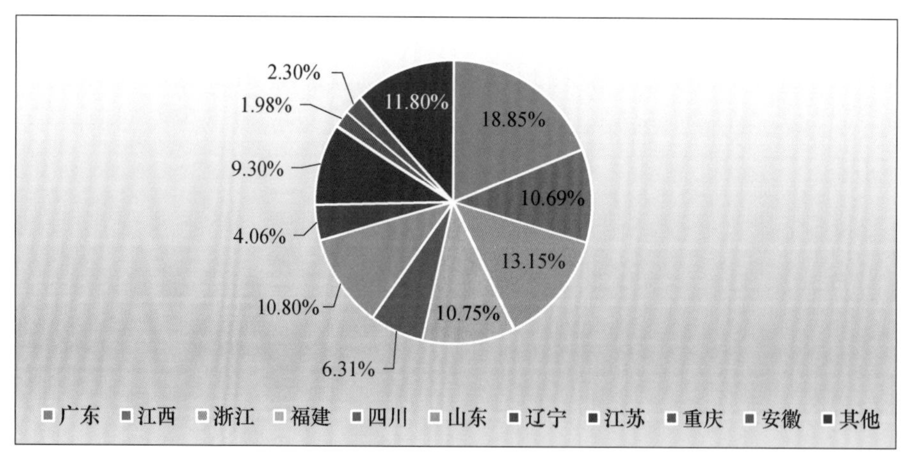

图 2-11　2020 年中国木质家具规模以上企业产量地区占比

中国家具产业集群共计 51 个，其中，特色区域 39 个，新兴产业园区 12 个，分布于东北地区、环渤海地区、长江三角洲地区、广东省沿海地区、中部地区、西部地区。广东、江西、浙江、福建、四川、山东、辽宁和江苏八省占规模以上木家具企业产量的 83.6%。

三、木门生产与消费

1. 总体情况

早期木门以传统的纯木料、手工制造为主，现已发展为机械化生产工艺，以锯材、胶合板、纤维板、刨花板、集成材、细木工板、装饰板等为主要木质材料的门框（套）、门扇的整套木门。经过20多年的高速发展，中国木门产业日趋成熟，在企业管理、生产技术、产品质量等方面显著提高，市场意识、品牌意识、服务意识也显著增强。中国近万家木门生产企业集中分布在长三角、珠三角、环渤海地区、东北、西北、西南六大生产基地，从过去小规模的作坊式加工，发展为今天大规模成品化、集成化、品牌化的工业化生产，初步形成了木门产业化集群。

据不完全统计，2020年全国木门产品总产值达到1570亿元，较2019年略有增长（图2-12），同比增长2.61%，其中，工程订单份额显著提升。木质门产品在天猫线上成交额近50亿元，同比2019年增长50%。2020年中国木质门市场景气指数（WDMCI）走势如图2-13所示，受农历新年和新冠肺炎疫情因素影响，一、二季度指数均在荣枯线以下。6月以后，随着企业陆续复工复产、消费市场逐渐恢复、大型工程需求增加，指数回到荣枯线以上并呈现出稳步回升的走势。

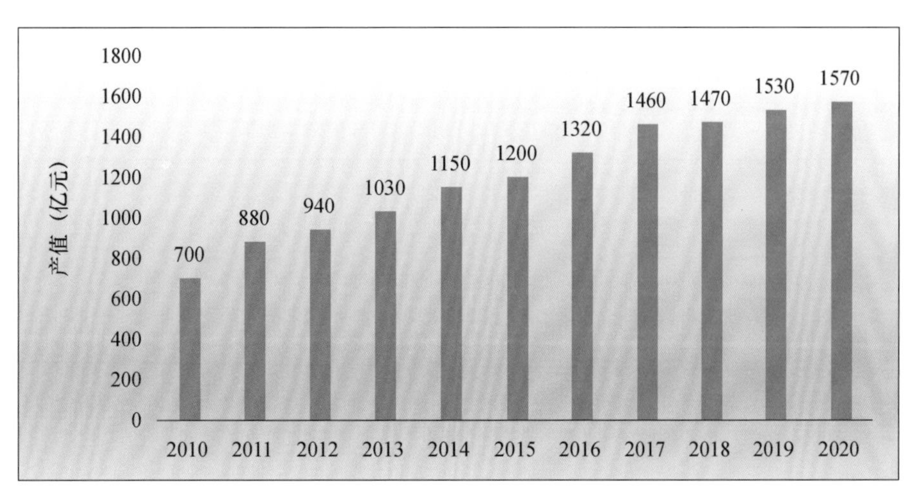

图2-12　2010—2020年中国木门总产值

2. 出口概况

中国木质门以国内市场为主，国际市场占比小，但出口总量近年来呈逐步增长趋势。以出口为主的生产企业主要分布在广东、辽宁、浙江、福建、山东、江苏、上海、吉林和新疆，其中，广东和辽宁出口量最大。由于整个国际市场处于起步发展阶段，出口产品以单扇未涂饰的半成品门为主，尚未形成有影响力的自主品牌。

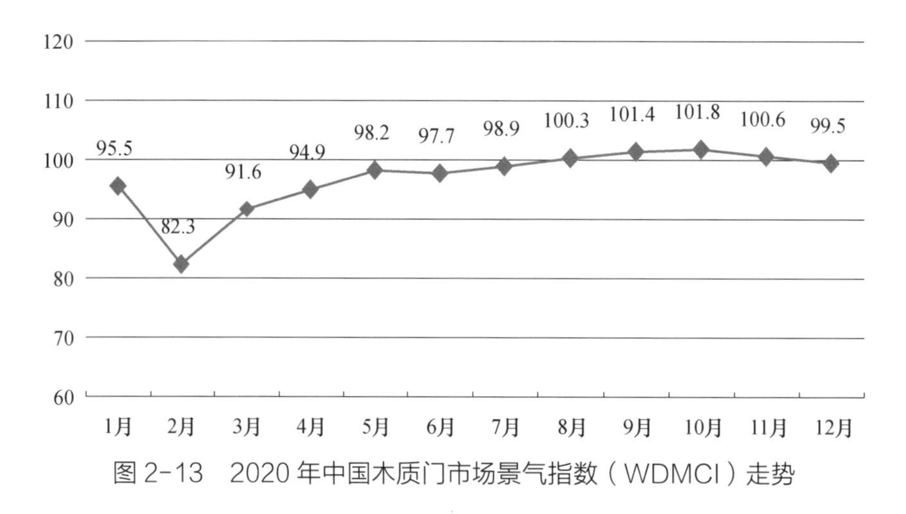

图 2-13　2020 年中国木质门市场景气指数（WDMCI）走势

2020 年我国木门出口额为 5.89 亿美元，同比 2019 年 6.39 亿美元下降 7.82%（图 2-14）。其中，出口额排名前六位且达到 3000 万美元以上的省份依次是：广东省、浙江省、辽宁省、山东省、福建省、江苏省。与 2019 年同期相比，广东省下降 15.6%，浙江省下降 1.5%，辽宁省下降 20.5%，山东省下降 2.4%，福建省增长 8.6%，江苏省增长 18.1%。

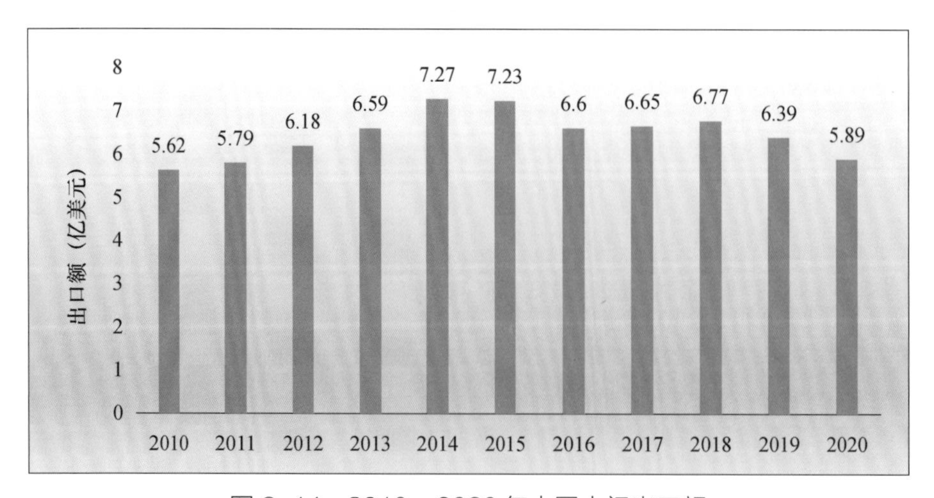

图 2-14　2010—2020 年中国木门出口额

四、地板生产与消费

1. 总体情况

中国的木地板生产始于20世纪80年代中期，经过30多年的发展，已形成了一个具有多种类、多规格和多档次的产品，从生产、销售到售后服务相配套的完整的产业体系。近年来，中国木地板产业在不断发展和成熟，产品线与产品功能也不断丰富，在以强化木地板、实木地板和实木复合地板为主导产品的基础上，从表面装饰效果、产品功能和应用领域等方面不断创新，开发出了仿古、浮雕面、拼花、抗静电、抗菌、吸音、户外园林用、高温高湿场所用、体育场馆用、集装箱用等木地板新产品。地板产品主要类别可分为浸渍纸层压木质地板（强化地板）、实木复合地板、实木地板、竹地板以及其他地板等。

中国从事木地板产品生产的企业约有2000家，主要的产业集群地区包括南浔、横林、常州、上海、沈阳、长沙、咸宁、孝感、济宁、茌平、嘉兴和宜春等。浸渍纸层压木质地板的典型集聚区主要有横林、常州、沈阳、长沙、咸宁和茌平等地；实木地板的集聚区主要有南浔和上海两地；实木复合地板的典型集聚区主要有嘉兴；竹地板产业集聚区主要有安吉和宜春等地。大部分产业集群有一定的发展，其中发展相对稳定的产业集群有横林和南浔两地，具有产业配套齐全、规模大、产销量大和产业链长等特点，产业集群优势突出，对促进中国地板产业发展发挥着巨大的作用。

2. 消费情况

2020年中国规模以上木竹地板企业销售总量约41170万平方米,同比下降约3.04%（图2-15）。其中，强化木地板销售19900万平方米，同比下降7.96%；实木复合地板销售13800万平方米，同比增长8.66%；实木地板销售4100万平方米，同比下降12.02%；竹地板销售2860万平方米，同比下降5.30%。

由此可以看出，中国地板销量2016—2018年均呈正增长趋势，但是2018年、2019年增长率较低；2020年受疫情影响，木竹地板销量下滑，行业下行压力较大。2020年中国木竹地板类别销售量最高的是强化地板，其次是实木复合地板，实木地板排第三。

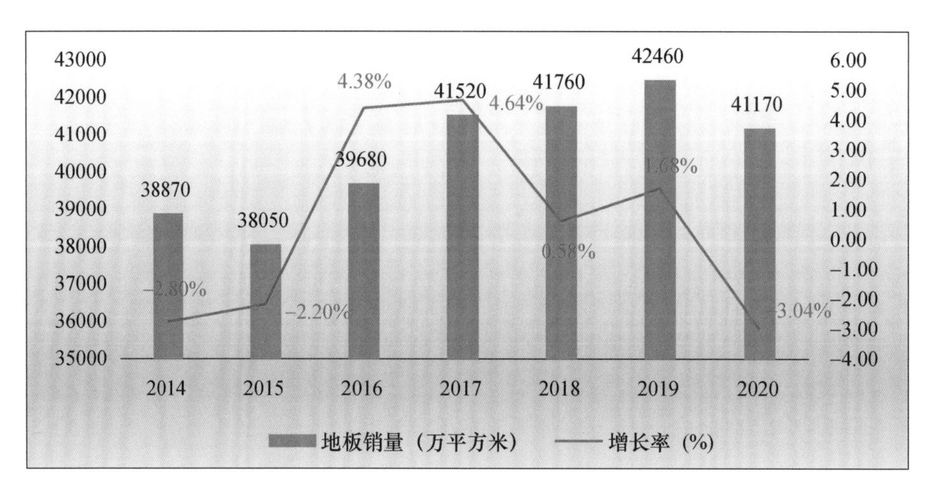

图 2-15 2014—2020 年中国木竹地板销量

五、人造板生产与消费

1. 总体情况

中国人造板工业主要由胶合板、纤维板、刨花板和集成材及其他人造板构成。2019 年，中国人造板行业生产企业约 1 万多家，年产量约 3 亿立方米，是世界人造板生产、消费和进出口贸易第一大国。2010—2019 年中国人造板产量及增长率如图 2-16 所示。

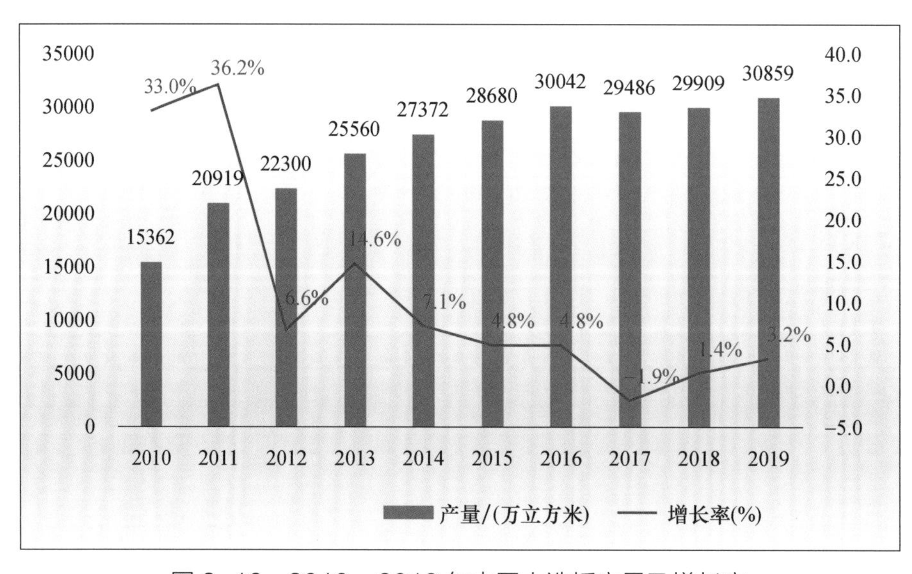

图 2-16 2010—2019 年中国人造板产量及增长率

2019 年，中国人造板行业平稳发展，人造板总产量 3.0859 亿立方米，同比增长 3.2%，其中，胶合板 18006 万立方米，纤维板 6199 万立方米，刨花板 2980 万立方米，其他人造板 3674 万立方米（细木工板占 48%）；新增生产能力增长放缓，供应充足，行业供给侧结构性改革大力持续推进，低端生产能力和产品占比不断下降，优质人造板产品供应能力不断提高；人造板总消费量 2.9376 亿立方米，同比仅增长 1.2%，部分产品需求下滑；受中美贸易摩擦影响，进出口量和总额同比双降，对美国市场出口受到较大冲击；库存同比上升，企业效益下滑。

2. 胶合板的产量与产能

2019 年，中国胶合板产量约 1.8 亿立方米。新增胶合板类产品生产企业 2600 余家，部分生产企业升级改造扩大生产规模，注销或吊销胶合板类产品生产企业 900 余家，合计净增生产企业 1700 余家，净增生产能力约 2700 万立方米 / 年。保有胶合板类产品生产企业 7000 余家，分布在 31 个省份；总生产能力约 1.92 亿立方米 / 年，在 2018 年底基础上增长 16.4%，企业平均生产能力约 2.7 万立方米 / 年，呈现企业数量和总生产能力双增长、企业平均生产能力下降态势。2010—2019 年，中国胶合板产量基本呈现上升态势，但增长率逐年下降，产业发展遇到了瓶颈期，如图 2-17 所示。2019 年中国胶合板生产能力前十的省份分别是山东、广西、江苏、安徽、河南、浙江、河北、福建、湖南和广东，占全国总生产能力的 87.5%，其中，生产企业数量及年生产能力如图 2-18 所示。

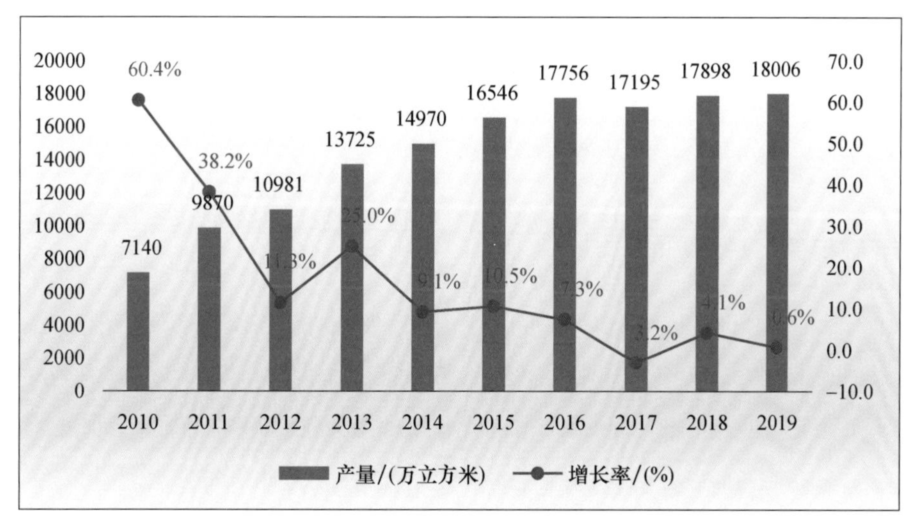

图 2-17 2010—2019 年中国胶合板产量及增长率

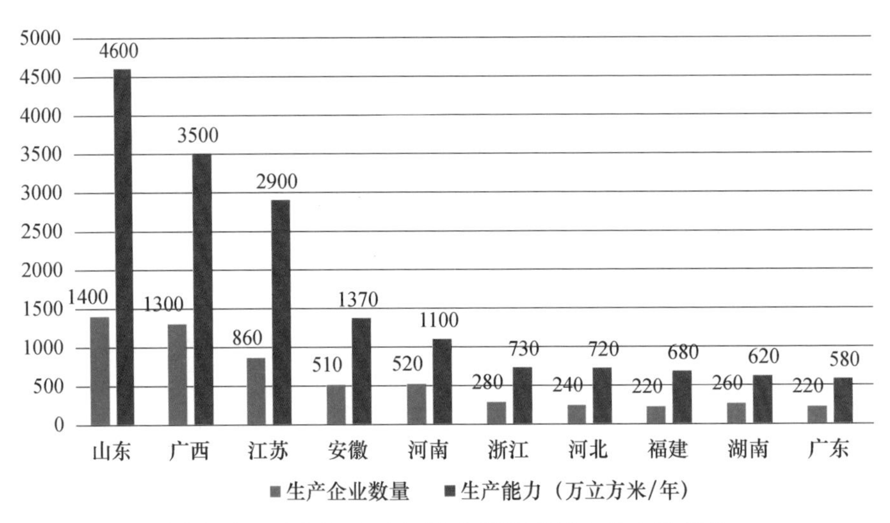

图 2-18　2019 年中国胶合板生产能力前十的省份

2020 年底，全国保有胶合板生产企业 15200 余家，分布在 26 个省份，总生产能力约 2.56 亿立方米 / 年，在 2019 年底基础上增长了 11.8%，企业平均生产能力约 1.7 万立方米 / 年，呈现企业数量和总生产能力双增长、企业平均生产能力下降态势。其中，山东省现有胶合板类产品生产企业 4400 余家，合计生产能力约 6100 万立方米 / 年，占全国总生产能力的 23.8%，居全国第一。广西壮族自治区现有胶合板类产品生产企业 1880 余家，合计生产能力约 4800 万立方米 / 年，占全国总生产能力的 18.8%，居全国第二。广西贵港市为我国南方最大的胶合板类产品生产基地，总生产能力接近 2150 万立方米 / 年，约占全区的 44.8%。江苏省现有胶合板类产品生产企业 2300 余家，合计生产能力约 3600 万立方米 / 年，占全国总生产能力的 14.1%，居全国第三。

2021 年初，全国在建胶合板类产品生产企业 2050 余家，合计生产能力约 2440 万立方米 / 年，除北京市、上海市、天津市、重庆市、青海省和西藏自治区外，其余 25 个省份均有在建胶合板生产企业。

3. 纤维板的产量和产能

2019 年，中国纤维板产量约 6199 万立方米，建成投产 14 条纤维板生产线，新增生产能力 300 万立方米 / 年，其中，连续平压生产线 12 条，合计生产能力 269 万立方米 / 年，占全国新增生产能力的 89.7%。全国 464 家纤维板生产企业保有纤维板生产线 554 条，分布在 26 个省份，净增生产能力 265 万立方米 / 年，合计生产能力创历史新高，达到 5246 万立方米 / 年，在 2018 年底基础上增长了 5.3%，平均单线生产能力达到 9.5 万立方米 / 年，呈现生产线数量下降、企业数量及总生产能力、平均单线生产能力增长的态势。全国在建纤维板生产线 28 条，合计生产能力约 519 万立方米 / 年，除西南区外，华东区、华南区、华中区、西北区、华北区和东北区均有在建纤维板生产线。其中，连续平压生产线 24 条，合计生产能力 488 万立方米 / 年，占在建纤维板生产能力的 94%。图 2-19 呈现的是 2010—2019 年中国纤维板产量及增长率情况。2019 年中国纤维板生产能力前十的省份分别是山东、广西、河北、广东、江苏、河南、四川、安徽、湖北和云南，占全国总生产能力的 82.1%，其生产线数量和生产能力如图 2-20 所示。

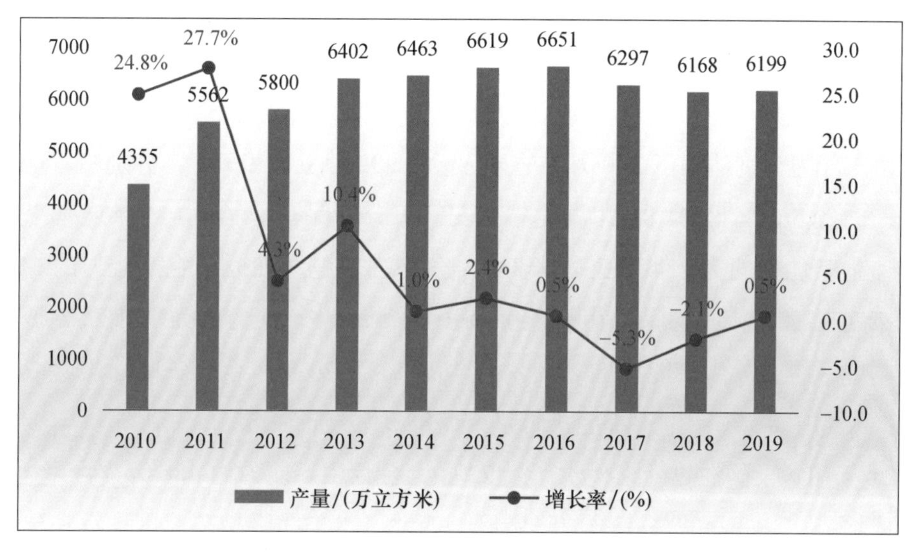

图 2-19 2010—2019 年中国纤维板产量及增长率

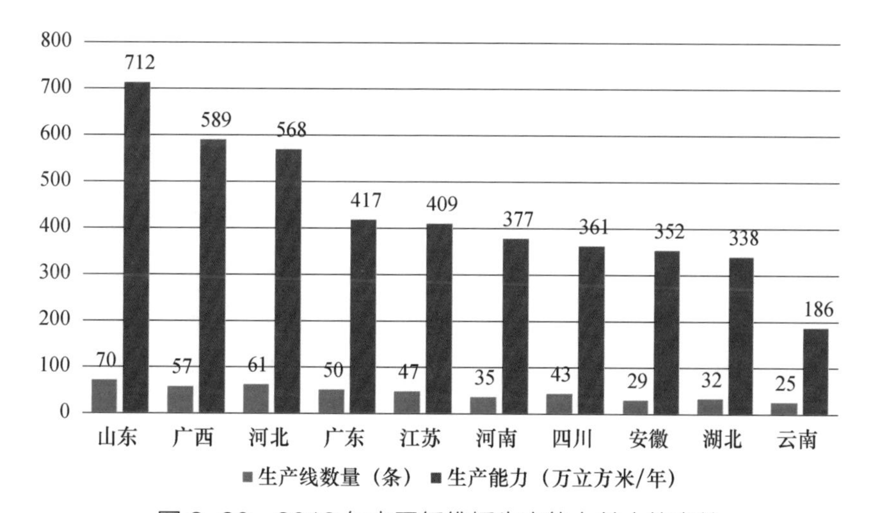

图 2-20 2019 年中国纤维板生产能力前十的省份

截至2020年底，全国392家纤维板生产企业保有纤维板生产线454条，分布在25个省份，总生产能力为5176万立方米/年，在2019年底基础上下降了1.3%，平均单线生产能力进一步上升到11.4万立方米/年。2020年度，全国建成投产15条纤维板生产线，新增生产能力276万立方米/年。中国纤维板总生产能力经历连续两年增长后小幅降低，总体呈现企业数量、生产线数量、总生产能力下降而平均单线生产能力增长态势。

截至2020年底，全国保有136条连续平压纤维板生产线，合计生产能力达到2692万立方米/年，超过全国纤维板总生产能力的一半，占比52.0%，分布在19个省份。其中，山东省保有24条连续平压生产线，合计生产能力达到447万立方米/年，占全省纤维板总生产能力的56.0%；广西壮族自治区和河北省各保有14条连续平压生产线，生产能力分别达到了300万立方米/年和293万立方米/年，分别占本地纤维板总生产能力的56.1%和51.8%；湖北省和安徽省分别保有12条和11条连续平压生产线，合计生产能力同为224万立方米/年，分别占本地纤维板总生产能力的61.4%和59.1%；广东省和河南省均保有9条连续平压生产线，生产能力同为178万立方米/年，分别占本地纤维板总生产能力的45.5%和48.0%。2020年，全国关闭、拆除或停产纤维板生产线约118条，淘汰落后生产能力约788万立方米/年。

2021年初，全国在建纤维板生产线22条，合计生产能力为486万立方米/年，全国除西南区外，华东区、华南区、华中区、西北区、华北区和东北区均有在建纤维板生产线，其中，连续平压生产线19条，合计生产能力462万立方米/年，占在建纤维板生产能力的95.2%。

4. 刨花板的产量和产能

2010—2019年中国刨花板产量和增长率如图2-21所示。2019年，中国刨花板产量约2980万立方米。全国建成投产18条刨花板生产线，新增生产能力410万立方米/年，其中，连续平压生产线12条，合计生产能力312万立方米/年，占全国新增生产能力的76.1%。全国403家刨花板生产企业保有刨花板生产线438条，分布在24个省份；净增生产能力476万立方米/年，合计生产能力再创新高，达到3825万立方米/年，总生产能力连续四年快速增长，在2018年底基础上增长了14.2%，平均单线生产能力达到8.7万立方米/年。全国新投产定向刨花板（含细表面定向刨花板）生产线6条，新增产能145万立方米/年。截至2019年底，全国保有定向刨花板生产线26条，合计生产能力351万立方米/年。中国刨花板生产能力前十的省份分别是山东、广东、河北、江苏、广西、河南、安徽、湖北、四川、江西，占全国总生产能力的 82.7%，其生产线数量和生产能力如图 2-22 所示。

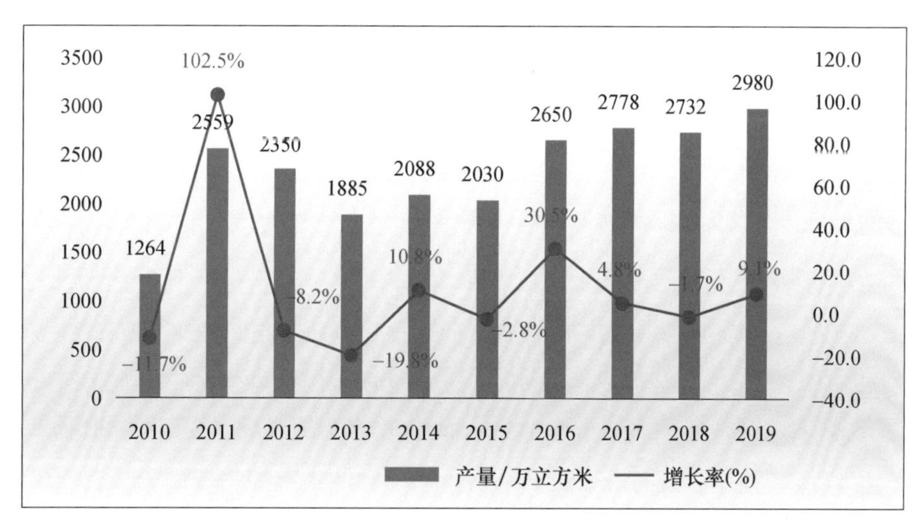

图 2-21　2010—2019 年中国刨花板产量及增长率

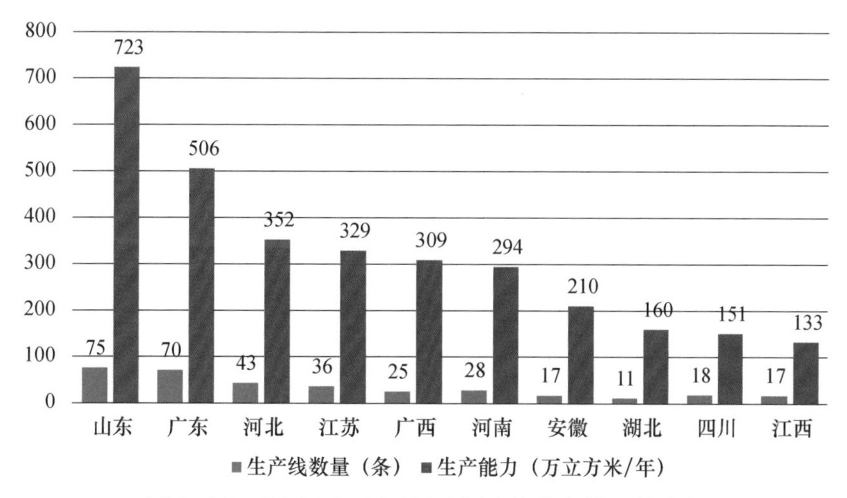

图 2-22　2019 年中国刨花板生产能力前十的省份

截至 2020 年底，全国 329 家刨花板生产企业，保有刨花板生产线 348 条，分布在 24 个省份，总生产能力为 3691 万立方米 / 年，在 2019 年底基础上下降了 3.5%，平均单线生产能力进一步上升至 10.6 万立方米 / 年。全国建成投产 16 条刨花板生产线，新增生产能力 309 万立方米 / 年；关闭、拆除或停产刨花板生产线约 92 条，淘汰落后生产能力约 580 万立方米 / 年。中国刨花板总生产能力经历连续四年快速增长后小幅降低，总体呈现企业数量、生产线数量、总生产能力下降而平均单线生产能力增长态势。

截至2020年底，全国保有连续平压刨花板生产线73条，合计生产能力达到1763万立方米/年，占全国刨花板总生产能力的47.8%；其中，山东省保有11条连续平压生产线，合计生产能力达到259万立方米/年，占全省刨花板总生产能力的35.0%；广西壮族自治区和广东省各保有8条连续平压生产线，生产能力分别达到228万立方米/年和194万立方米/年，分别占本地刨花板总生产能力的70.2%和52.0%；安徽省保有7条连续平压生产线，合计生产能力达到195万立方米/年，占全省刨花板总生产能力的78.3%；江苏省、湖北省、河南省和河北省均保有6条连续平压生产线，生产能力分别达到160万立方米/年、150万立方米/年、148万立方米/年和127万立方米/年，分别占本地刨花板总生产能力的52.6%、77.7%、66.0%和37.8%。

2021年初，全国在建刨花板生产线25条，合计生产能力为675万立方米/年，全国七大区域（华东区、华南区、华中区、西南区、华北区、东北区和西北区）均有在建刨花板生产线，其中，连续平压生产线18条，合计生产能力572万立方米/年，占在建刨花板生产能力的84.5%。

六、主要定制家居企业生产销售

从20世纪90年代国内定制家居起步，发展到如今行业数百家企业，定制家居行业呈现集中度低、壁垒低、无序竞争态势。2019年，定制家居行业表现平稳。据不完全统计，行业平均营收增速达到18.05%，净利润增速达19.58%，营收增速与2018年基本持平，净利润增速扩大。其中，索菲亚、尚品宅配营收同比增长降至10%左右，而志邦家居、我乐家居、皮阿诺等营收增速均超过20%，我乐家居净利润增长达到51.24%，见表2-2。

表2-2 2019年中国主要定制家具品牌营收情况

品牌	总营收（亿元）	同比增长（%）	净利润（亿元）	同比增长（%）
欧派家居	135.33	17.59	18.39	17.02
索菲亚	76.86	5.13	10.77	12.34
尚品宅配	72.61	9.26	5.28	10.76
志邦家居	29.62	21.75	3.29	20.72
好莱客	22.25	4.34	3.65	–4.63
金牌厨柜	21.25	24.90	2.42	15.37

续表

品牌	总营收（亿元）	同比增长（%）	净利润（亿元）	同比增长（%）
皮阿诺	14.71	32.53	1.75	23.33
我乐家居	13.32	23.10	1.54	51.24
顶固集创	9.30	11.93	0.78	1.80

2020 年，定制家居行业受疫情影响较大，增速进一步放缓，行业竞争加剧。据不完全统计，行业实现营业收入约 422.19 亿元，增速平均上涨 8.17%；归母净利润约 47.59 亿元，增速平均下滑 6.52%。较 2019 年年末，定制家具企业营收规模前四位（欧派家居、索菲亚、尚品宅配、志邦家居）及第九位（顶固集创）保持不变；第五、第六位互换，金牌厨柜反超好莱客；第七、第八位互换，我乐家居反超皮阿诺。其中，欧派家居总营收 147.40 亿元，稳居行业第一位，但同比增幅有所下降；志邦家居 2020 年总营收同比增幅最大，为 29.65%；尚品宅配、好莱客、顶固集创三家营业收入较 2019 年同期为负增长，其中，尚品宅配降幅最大，下滑 10.29%，净利润同比下滑 80.81%，见表 2-3。

表 2-3　2020 年中国主要定制家具品牌营收情况

品牌	总营收（亿元）	同比增长（%）	净利润（亿元）	同比增长（%）
欧派家居	147.40	8.91	20.63	12.13
索菲亚	83.53	8.67	11.92	10.66
尚品宅配	65.13	–10.29	1.01	–80.81
志邦家居	38.40	29.65	3.95	20.04
金牌厨柜	26.40	24.20	2.93	20.68
好莱客	21.83	–1.88	2.76	–24.25
我乐家居	15.84	18.93	2.20	42.56
皮阿诺	14.94	1.51	1.97	12.40
顶固集创	8.72	–6.17	0.22	–72.09

从 9 家上市的定制家居企业营收总和变化趋势来看（图 2-23），2015 年至 2020 年呈持续增加趋势，行业规模不断扩大，但规模增速在 2017 年到达拐点，此后增速持续放缓。2020 年第一季度，9 家定制家居企业营业收入之和同比下滑 34.61%。第二季度国内经济稳步恢复，随着竣工及住房成交数据的逐渐好转，前期被压制的家具消费需求陆续得到释放，行业经营压力有所缓解。此外，中国定制家具企业的市场占

有率仍较低，格局非常分散。据统计，2018 年定制家具占中国整体家具市场份额的 20%~30%，参照国外定制家具 60%~70% 的市场渗透率，市场空间十分广阔。不同于标准家居产品生产，定制家居企业在生产制造环节普遍存在订单处理难、信息化要求高、数据量巨大、加工要求精准高等一系列难点，导致大规模家居定制生产门槛较高。同时，随着数字时代的到来，产业链分工更加深入，只有通过数字化技术赋能，家居行业才能具备与数字原生企业同台竞技的能力。总体来看，定制家居行业正在向整装大家居、全渠道营销、智能制造、智能家居方向发展。

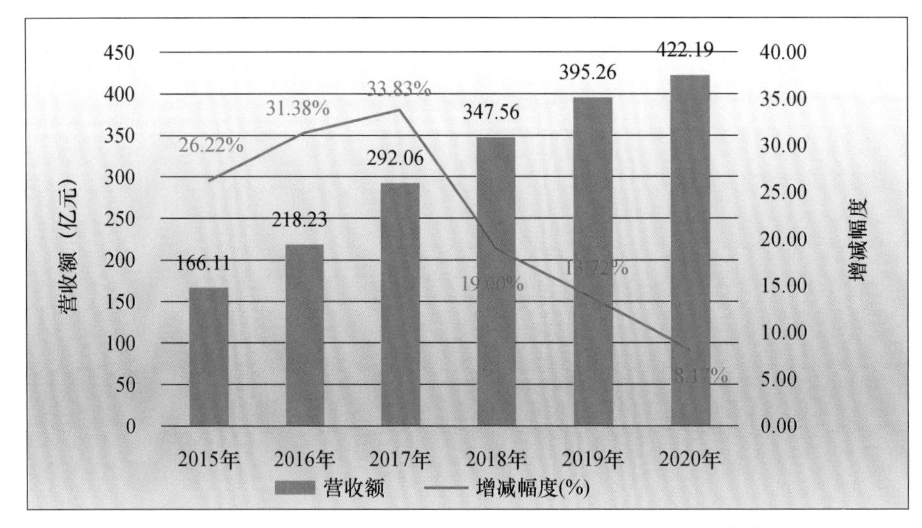

图 2-23　2015—2020 年 9 家定制家居企业营收总和变化趋势

第三节　橡胶木及制品产业布局

橡胶木用途广泛，可以制成不同的木制品，其中最常用的有家具、木门、卫浴柜、地板、刨花板、定制家居、模具、硬纸板、木材接合器、锯木等。我国使用的橡胶木锯材中约有 80% 用于生产拼板，剩下的 20% 用于家具料、地板料等。我国国内消耗橡胶木的终端产品为家具、定制家居、木门、卫浴、地板等。

一、橡胶木制材、改良及干燥产业

橡胶木在不处理的情况下容易遭受霉菌、腐菌破坏，需就近采伐就近处理。橡胶木锯材的制材、改良、干燥产业主要集中在橡胶木资源所在地，如印尼、泰国、马来西亚、印度、斯里兰卡、中国和越南等国。

我国使用的橡胶木锯材，其制材、改良、干燥主要集中在泰国、中国海南、中国云南、越南、缅甸、非洲等国家和地区，如图 2-24 所示。其中，泰国加工的锯材产能超过 600 万立方米，出口到我国 400 万立方米左右；我国的海南和云南分别接近 40 万立方米，其他区域均低于 10 万立方米。

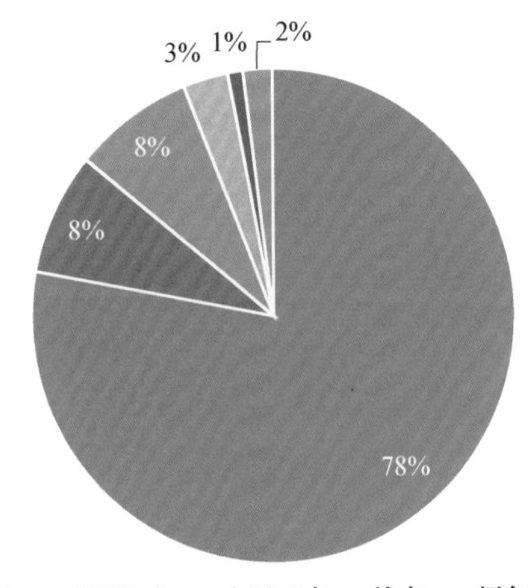

图 2-24　中国消耗的橡胶木制材、改良、干燥产业分布占比

二、橡胶木人造板产业

生产刨花板以橡胶木边角料、枝丫材为主要原料，橡胶木刨花板产能基本分布在橡胶木原材料所在地和橡胶木产业聚集地。泰国、马来西亚橡胶木刨花板年生产量分别超过 200 万立方米。我国橡胶木刨花板主要分布在海南、云南宁洱、江西赣州，年生产量超过 60 万立方米。

橡胶木胶合板产能主要分布在马来西亚、印度尼西亚及泰国。马来西亚、印度尼西亚橡胶木薄木、胶合板年生产量分别可超过 100 万立方米。

三、橡胶木指接板产业

我国消费的橡胶木锯材有 80% 用于生产橡胶木指接板。指接板的生产产能主要分布在沿海地区，如南宁、佛山、宁波、张家港、临沂、大连等地。

四、橡胶木家具产业

橡胶木家具产业主要分布在广东、四川、浙江、江苏、山东、河北等家具产业集群省份。实木家具是橡胶木主要的消费领域之一，产品主要包括餐桌、椅子、床、衣柜等。江西南康作为世界最大的橡胶木家具制造基地，是世界橡胶木行业的重要引擎，极大地促进了橡胶木产业的进步和发展。该地区橡胶木实木消费量年均可达到 300 万立方米。

我国中部家具产业基地以江西省赣州市南康区为核心区域，近几年形成了集家具研发、设计、大数据等于一体的现代家居新业态。2020 年南康地区规模以上家具企业突破 500 家，家具产业产值突破 2000 亿元，木材年消耗量超 1000 万立方米，品牌价值跃居全国家具行业前列；从事家具产业的工作人员近 30 万人，建成家具产业园区（聚集区）50 个，占地近 2 万亩。南康地区家具市场规模庞大，产业链配套完善，市场集聚效应明显。随着区域性产业竞争激烈，智能制造科技水平的提升，南康家具产业加快了转型升级的步伐。制造端以自动化、智能化替代人工；营销端充分利用线上直播等互联网技术，加强区域家具品牌宣传和客商引流；加强品质升级，南康区政府牵头成立了“南康品牌联盟”，严格把控品牌质量，提振消费信心。

五、橡胶木木门产业

橡胶木木门产业主要分布在相对发达地区，这些区域都呈现消费能力足、物流发达、木加工产业聚集度高等特点，主要包括广东、浙江、江苏、山东、四川、重庆等区域。其中，广东省是橡胶木木门制造产业最大的省份之一，主要集中在佛山、中山等区域。随着区域性产业外迁及升级，橡胶木木门企业也逐渐向广西、江西、贵州等内陆省份流入。广西、江西承接了部分广东外流企业，贵州承接了成都、重庆等外流企业。

六、橡胶木卫浴柜产业

橡胶木卫浴柜是消耗橡胶木实木、锯材及拼板的三大品类之一，我国知名卫浴企业如箭牌、惠达、九牧等都在使用橡胶木作为卫浴柜原材料。广东佛山是卫浴柜生产企业品牌价值最高的区域之一，生产规模大，知名度高。其他的重要区域主要分布在江西、四川、浙江、河南、安徽、山东、江苏、云南、重庆等省份。

七、橡胶木其他产业

橡胶木定制家居产业没有独特的聚集性，与整个定制家居产业分布类似，主要集中在广东、福建、浙江、江苏、山东、四川、重庆等省份。这些地区呈现出消费能力足、产业配套成熟等特点。

橡胶木木线条、踢脚线、楼梯扶手产业的分布与木门、家具产业分布类似，这两种产品主要为周边木门、家具等企业做配套，两者之间的距离不宜太远。

第二章

橡胶木性能

第一节　树木的基本属性

一、树木的主要部分

每一个树种都有其独特的构造，形成其特有的外观、密度、物理、力学性能等。而同一个树种在不同的生长条件下，性能也有所差异。即使是同一株树的不同部位也存在着差异。

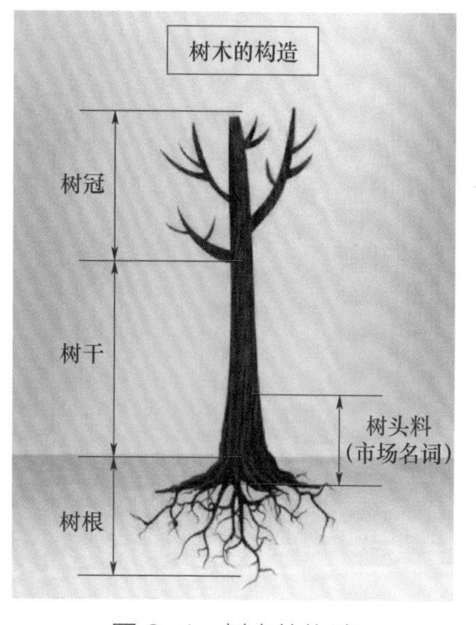

图 3-1　树木的构造

树木主要由树冠、树干、树根三部分构造组成，如图 3-1 所示。这三部分在树木生长的过程中构成一个有机的、不可分割的统一体。树干既是树木的主要部分，又是加工利用的对象，是木材的主要来源，占树木总材积量的 50%~90%。树干把树根从土壤中吸取的水分和矿物质自下而上地输送到树叶，又将树叶中制造出的溶于水的有机养料自上而下地输送到树根。树干除了输送水分和营养物质以外，还有储藏营养物质和支持树冠的作用。

二、树干的基本组成

树干从表到里依次是：树皮、韧皮部（内树皮）、形成层、边材、心材、髓心（图 3-2）。心材与边材统称为木质部，是木材加工利用的主要原料，一般边材细胞仍具有活性，养分充足，易受菌虫侵害；心材不含活细胞，养分较少、细胞壁较厚，其耐久性较强。髓心位于树干的中心，是木材第一年生成的部分，质地疏松脆弱，强度低，易腐蚀和被虫蛀蚀。因此，在木材加工环节应尽量剔除髓心部分。一般情况下，木材的边材颜色较浅，心材颜色较深，边材与心材、早材与晚材的纹理存在着颜色差异，构成了木材的自然美，形成了各种美丽图案。

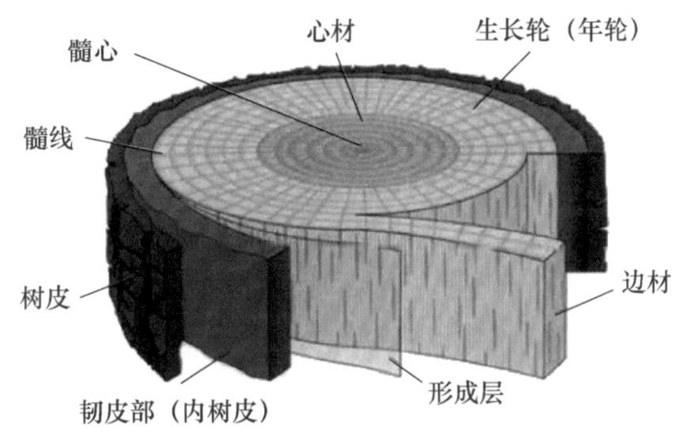

图 3-2 树干的组成

木材的三切面：横切面、径切面、弦切面，如图 3-3 所示。

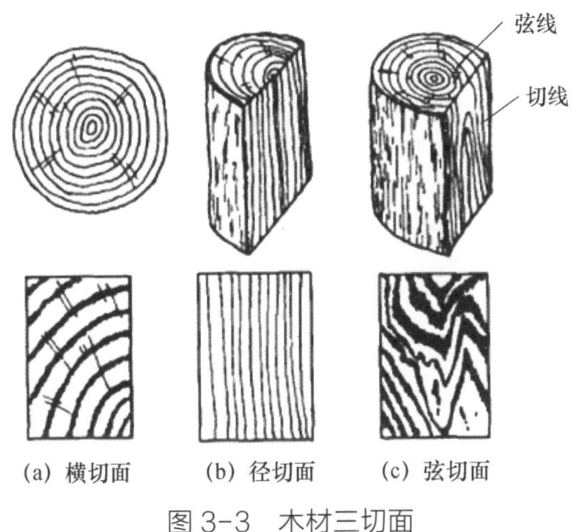

图 3-3 木材三切面

1. 横切面

横切面是与树干长轴或木材纹理相垂直的切面，也称之为木材端面或横截面。在横切面上，可以观察到木材的生长轮、心材、边材、薄壁组织、管孔和木射线等［图 3-3（a）］。

2. 径切面

径切面是顺着树干长轴方向，通过髓心与木射线平行或与生长轮相垂直的纵切面。在这个切面上可以看到相互平行的生长轮、边材和心材的颜色及木射线等［图 3-3（b）］。

3. 弦切面

弦切面也是顺着树干长轴方向，不过与径切面不同，它是与木射线垂直或与生长轮相平行的纵切面。在弦切面上生长轮呈现抛物线状。弦切面和径切面都是纵切面，它们与横切面相互垂直［图 3-3（c）］。

三、木材中的水分

木材中的水分对木材生长、加工利用、运输和储存等各个环节都有着重要的影响。就木材生长而言，树木通过根部吸收土壤中的水分与空气中的二氧化碳，在叶子中进行光合作用产生相应的碳水化合物促进其生长；水也是树木各种营养物质的输送载体。木材中的水分分为三类：自由水、吸着水和化合水。自由水是指存在于细胞腔和细胞间隙中的水分，又称毛细管水；吸着水是指存在于细胞壁微纤丝间的水分，又称附着水、吸着水或束缚水；化合水是指存在于木材化学成分中的水分。自由水和吸着水为木材中的主要水分。自由水与木材密度、燃烧、干燥、渗透有密切关系；吸着水影响着木材性质；化合水与木材性质关系不大（图 3-4）。

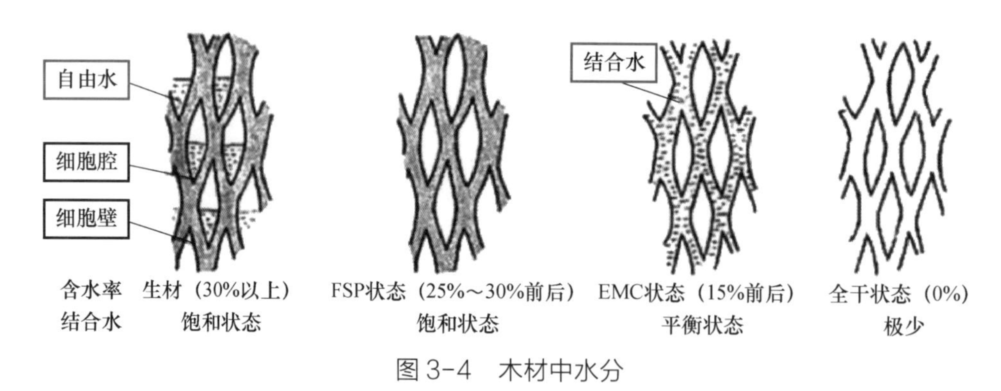

图 3-4 木材中水分

采伐后的木材同样具有“呼吸”水分的功能，在其储存、运输、加工等环节，由于受到环境影响，木材中的水分仍然会不断变化，也影响着木材的物理、力学等性能。木材中的水分用平衡含水率和绝对含水率表示。

1. 平衡含水率

木材具有吸湿放湿的“呼吸”特性，木材含水率可以随着外界温湿度条件的变化而变化，它可以自发地从外界吸收水分或向外界释放水分，直到与外界达到新的水分平衡。木材在平衡状态时的含水率称为在该温湿度条件下的平衡含水率（EMC）。影响木材平衡含水率的主要因素有地域性因素、季节性因素等。

2. 绝对含水率

木材或木制品的水分含量通常用绝对含水率表示。绝对含水率等于木材中的水分质量与绝干材的质量百分比。木材绝对含水率计算公式如下：

$$MC=\frac{m-m_0}{m_0}\times 100\% \quad (3\text{-}1)$$

式中 MC——绝对含水率（%）；

m——含水木材的质量（g）；

m_0——绝干质量（g）。

四、木材特性

木材特性主要表现为干缩湿胀性、吸湿解吸性、各向异性等。

1. 干缩湿胀性

当木材的含水率在低于纤维饱和点（纤维饱和点是木材仅细胞壁中的吸附水达饱和，而细胞腔和细胞间隙中无自由水存在时的含水率）时，木材因解吸使得细胞壁收缩，导致木材尺寸和体积的缩小，这种现象称之为干缩；木材因吸湿引起的尺寸和体积的膨胀称之为湿胀。

2. 吸湿解吸性

当较干的木材存于潮湿的空气中，木材从湿空气中吸收水分的现象叫作吸湿；当木材含水率较高，存于较干燥的空气中，木材向周围空气中释放水分叫作解吸。木材的吸湿和解吸过程初期十分激烈，随着时间的推移，强度会逐渐减弱，最终会达到一个吸湿与解吸的动态平衡。木材能依靠自身的吸湿和解吸作用，直接影响室内空气中的湿度变化。

3. 各向异性

由于木材构造的各向异性，不同方向上的性能有所差异，主要反映在横切面、径切面、弦切面三个切面上。木材沿树干方向的干缩率很小，约为 0.1%；弦向干缩率最大，为 6%~10%；径向的干缩率为弦向干缩率的 1/2，为 3%~5%。由于径向和弦向的干缩率不一致，常引起木材开裂、变形。

第二节　橡胶木的基本特征

一、橡胶木名称

木材名称：橡胶木

中文名称：橡胶树

拉丁名：*Hevea brasiliensis*

科属名：大戟科橡胶树属

商用名或别名：Para Rubber Tree、三叶橡胶树、巴西橡胶、橡胶木

二、橡胶树木分布及特性

橡胶树为常绿乔木，高 20~30m，胸径 80cm。因树皮能割制橡胶，乳汁丰富，为大戟科中最重要的经济树种。原产于巴西亚马孙河流域，现广泛栽培于亚洲热带地区，我国台湾、福建南部、广东、广西、海南和云南南部均有栽培，以海南和云南种植较多。

三、橡胶木宏观构造特征

橡胶木宏观构造特征识别要点：心边材区别不明显，木材浅黄褐色。生长轮明显，轮间呈深色带。散孔材，管孔甚少，中等大小，在肉眼下可见，分布略均匀。轴向薄壁组织量多，离管带状及傍管状。木射线略细，在放大镜下明显，与轴向薄壁组织交叉呈网状。

四、橡胶木微观构造特征

在显微镜下观察橡胶木微观构造（图 3-5 至图 3-8），其特征为：短径列复管孔（2~4 个）及单管孔，稀呈管孔团。单穿孔，管间纹孔式互列。轴向薄壁组织量多，主要为离管带状（宽 1~4 细胞），并呈环管状与环管束状，及少数星散状与星散 - 聚合状，菱形晶体偶见，含晶细胞 2~4 个成串。木纤维壁薄，具胶质纤维。木射线非叠生，单列射线高 1~12（多数 3~7）个细胞，多列射线宽 2~4 个细胞，单列部分有时与 2 列部分约等宽，同一射线内常 2~3 次或多至 6 次出现多列部分。射线组织异形 Ⅰ 及 Ⅱ 型。直立或方形射线细胞比横卧射线细胞高或高得多。射线细胞通常不含树胶，具菱形晶体，端壁节状加厚。

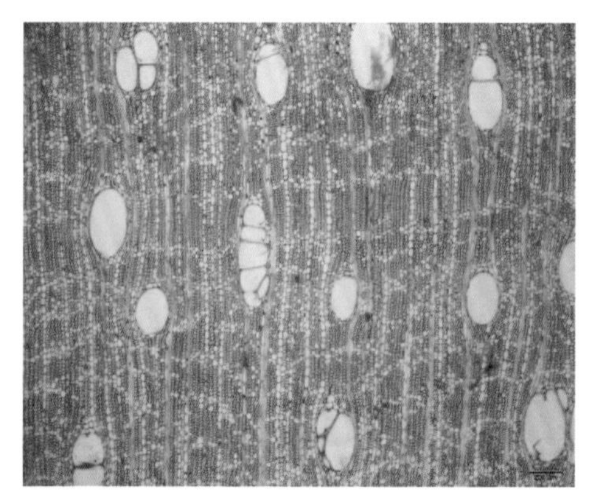

图 3-5　横切面微观图（×40）

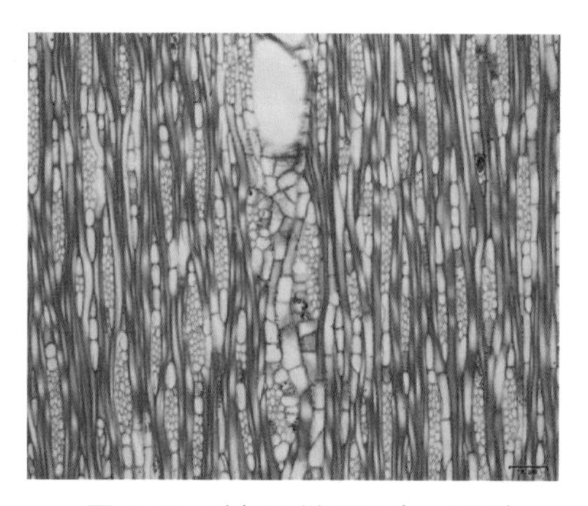

图 3-6　弦切面微观图（×100）

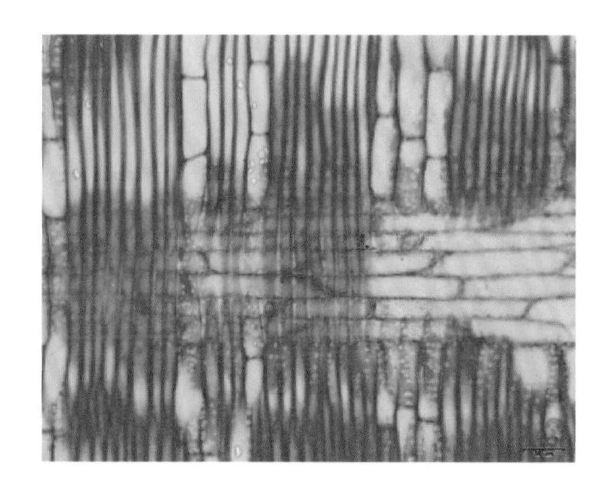

图 3-7　径切面微观图（×100）

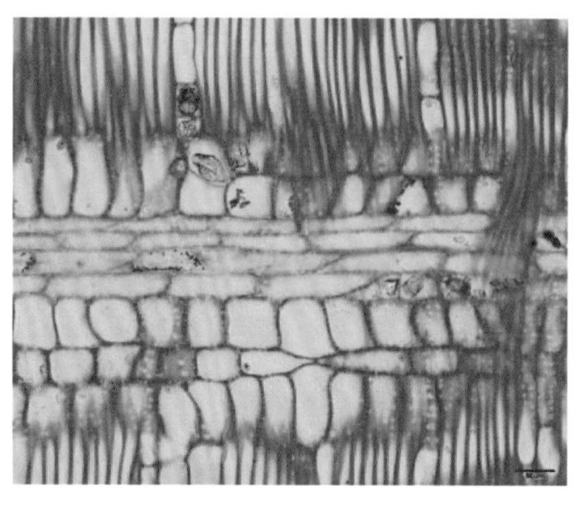

图 3-8　径切面微观图（×200）

五、天然橡胶木性能

橡胶木木材中主要含有纤维素、木素、多缩戊糖、蛋白质、灰分等成分，其中，纤维素占51.53%，木素占26.58%，多缩戊糖占24.11%，蛋白质占1.21%，灰分占1.01%，见表3-1。

表3-1 橡胶木木材的化学成分（%）

纤维素	木素	多缩戊糖	蛋白质	抽出物			灰分
				热水	1%氢氧化钠	苯醇	
51.53	26.58	24.11	1.21	5.48	20.67	2.45	1.01

橡胶木有较好的物理力学性能，密度范围一般在0.60~0.72g/cm³，干缩率小于0.4%，顺纹抗压强度可在40MPa左右，抗弯强度、抗弯弹性模量分别在81~85MPa、9300~10000 MPa之间。横纹抗压强度分径向和弦向，径向为9~11MPa，弦向为6~8MPa。硬度保持在50MPa左右。冲击韧性维持在0.44kg · m/cm³左右。橡胶木物理力学性能见表3-2。

表3-2 橡胶木物理力学性能

项目		数值
密度		0.60~0.72g/cm³
干缩率	径向	0.12%
	弦向	0.24%
	体积	0.39%
顺纹抗压强度		38~42MPa
抗弯强度		81~85MPa
抗弯弹性模量		9300~10000MPa
横纹抗压强度	径向	9~11MPa
	弦向	6~8MPa
硬度	端面	56~60MPa
	径面	43~50MPa
	弦面	46~50MPa
冲击韧性		0.44kg · m/cm³

六、橡胶木应用注意事项

1. 橡胶木的腐朽性

虽然橡胶木木质较硬，但是也容易受昆虫蛀咬，橡胶木内部容易被蛀空而影响结构稳定性进而影响使用寿命，且橡胶木中的糖类、蛋白质等远高于其他树种，在潮湿环境下易霉变腐朽。橡胶木霉变腐朽是由大量存在于空气和土壤中的真菌引起的。橡胶木中的淀粉含量较高，为真菌提供了丰富的营养物质，真菌大量滋生，导致橡胶木霉变腐朽严重。橡胶木中的霉菌在橡胶木表面繁殖引起外观质量降低，且若在高温高湿环境中，3~6 个月霉变将十分严重，甚至引起表面腐朽。有些霉菌还会产生有毒物质，如黄曲霉会产生黄曲霉毒素。不经防霉处理，只进行干燥处理的橡胶木，其防霉性能仅凭降低环境湿度并不能完全避免。因此，对橡胶木进行抑菌改良处理，提高橡胶木的抗菌防虫性能进而延长其使用寿命，成为节约橡胶木资源、提高橡胶木利用率的重要途径。

橡胶木腐朽是因为木质结构被破坏，而木质结构被破坏的直接原因是橡胶木真菌对橡胶木细胞壁纤维素与半纤维素的降解使得细胞破裂进而木质纤维断裂。真菌是一种不含有叶绿体的单细胞有机体，不能通过光合作用合成自身生长所需养分，只能从其他生物有机体或有机物中吸取营养，供其生长发育和繁殖。橡胶木真菌有蓝变菌和木腐菌。蓝变菌可在橡胶木表层生存，吸取橡胶木细胞中的养分，生长发育产生各种颜色的孢子，通过孢子在橡胶木表面繁殖、传播、感染、发芽和菌丝蔓延发生霉变，改变橡胶木表面粗糙度及色泽，影响橡胶木表层美观；木腐菌是一种可以破坏木质结构的真菌，其可以渗透到橡胶木内部，而且木腐菌在橡胶木内部生长发育会产生多类降解酶，包含木质素降解酶、纤维素酶和半纤维素酶。

2. 橡胶木的吸湿性

橡胶木是一种多孔材料，含有大量细胞腔和纹孔，同时，构成橡胶木的纤维素和半纤维素的分子上存在大量的亲水基团羟基，使得橡胶木具有很强的水分吸收能力。若橡胶木处于潮湿环境，吸水使其含水率过高，尺寸发生变化引起变形，会使得橡胶木物理机械性能降低，而且含水率较高的橡胶木在长期接受太阳辐射后表层会变色，影响美观度。水分也是菌类及昆虫生长的必需物，过多的水分会使得橡胶木中更容易滋生霉菌或木腐菌，导致木材变色或腐朽，从而降低橡胶木的使用性和耐久性。因此，对橡胶木进行改良，提高橡胶木的防水性能，对实现橡胶木的高效利用必不可少。通过物理改性法或化学改性法降低橡胶木的吸湿性提高橡胶木的防潮性，是改善其尺寸稳定性和延长使用寿命的一种有效方法。

橡胶木改性小贴士

橡胶木改性就是在保持橡胶木纹理质朴和易于加工等天然特性的基础上，通过物理、化学等方法对其进行改性处理，改善橡胶木的物理学性能和提高胶木的阻燃性、防腐性、防潮性和尺寸稳定性等，从而延长橡胶木的使用年限，并拓宽橡胶木的使用范围。

第三节　改性橡胶木及其性能

橡胶木物理改性方法，如加热法，是指通过加热处理使纤维素中纤维分子链之间的氢键结合加强，从而降低橡胶木的吸湿性，使菌虫无法从橡胶木中获得生活所必需的水分，进而达到防腐的效果。

橡胶木的化学改性方法，是指将改良剂以树脂浸渍处理、交联处理、乙酰化处理、聚合处理等方法改性橡胶木，提高橡胶木的防腐性能。因为纤维素、半纤维素和木质素分子上游离的羟基是橡胶木中化学反应最活泼、吸湿性最强的基团，将橡胶木防腐剂与羟基发生反应形成醚键、酯键或缩醛，使得与水分子结合的羟基数减少，进而降低了橡胶木的吸湿性，达到了防腐的效果。从生物方面着手改性橡胶木有以下几种方法，如图 3-9 所示。

一、阻燃处理

橡胶木材色淡雅、纹理均匀、密度和强度适中、加工和涂饰性能好，适宜制作家具、地板、室内装饰装修材料和建筑模板。与其他天然木材一样，橡胶木同属易燃材料，在家具、木地板等装饰装修材料领域的广泛使用，对建筑物及木制品的使用都带来了一定的安全隐患。因此，必须对橡胶木进行阻燃处理，才能满足国家《建筑设计防火规范》（GB 50016—2014）、《建筑内部装修设计防火规范》（GB 50222—2017）等消防规范的要求。

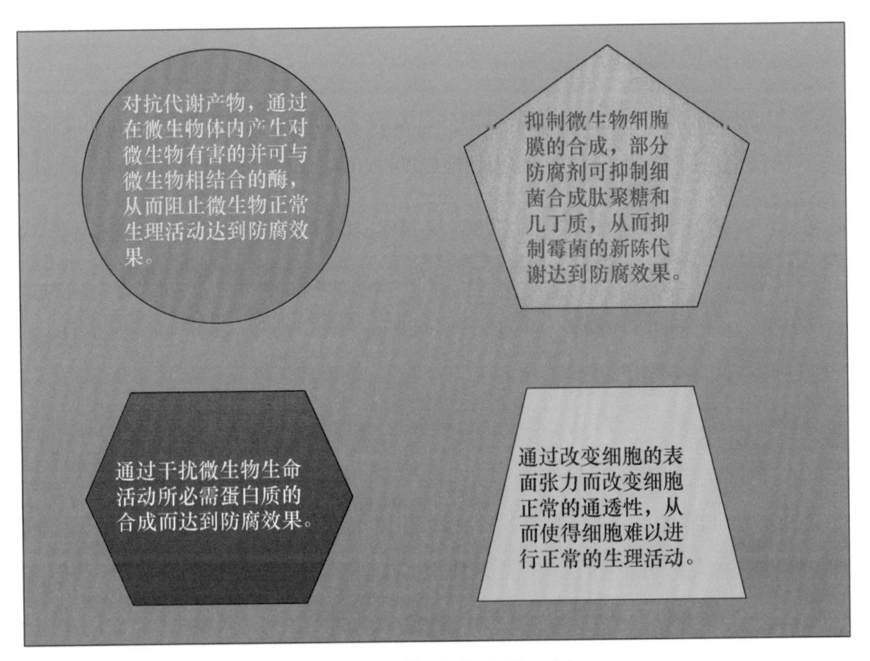

图 3-9 橡胶木改性方法

橡胶木阻燃改性的方式有溶剂型阻燃剂的浸渍法、防火涂料的表层涂布法和溶胶－凝胶法。

1. 溶剂型阻燃剂的浸渍法

浸渍法处理橡胶木的阻燃效果主要取决于阻燃剂在橡胶木中的载药量和浸渍深度。浸渍法通常分为常压浸渍法和真空加压浸渍法。

（1）常压浸渍法

在大气压力下用，黏度较低的阻燃剂溶液在室温或加热条件下浸渍橡胶木，由于渗透性原理，阻燃剂会自发进入橡胶木内部。常压浸渍法条件要求低、易操作，但浸渍效果有限，适合处理渗透性较好的材质和厚度较薄的橡胶木。

（2）真空加压浸渍法

将橡胶木置于真空环境中，利用抽真空除去橡胶木细胞空腔内的空气，之后利用负压吸入阻燃剂溶液，加压将阻燃剂压入橡胶木细胞内。加压浸渍法较常压浸渍法工艺烦琐，但浸渍效果较好，应用相对广泛，如用 5% 的磷酸氢二铵和硫酸铵处理木材时采用真空加压法。

2. 防火涂料的表层涂布法

表面改性法是通过有机聚合物涂层（如膨胀型阻燃涂料）、无机 / 有机复合涂层和无机纳米粒子表面薄膜对橡胶木表面进行阻燃处理。

表面改性使用的防火涂料根据基材类型可分为无机防火材料和有机防火材料，其中，无机防火材料通过加入一些有机树脂来改善某些较差的性能；按照防火涂料的分散介质可将其分为水溶性防火涂料和油溶性防火涂料，水溶性防火涂料环境友好，但有时某些性能较差，油溶性防火涂料价格昂贵，污染环境，但性能相对优良；防火涂料按照遇火是否膨胀可分为膨胀型防火涂料和非膨胀型防火涂料，膨胀型防火涂料品种较多，发展较快，非膨胀型防火材料品种较少，应用不广泛。

3. 溶胶 – 凝胶法

溶胶 – 凝胶法是金属化合物在酸性或碱性催化条件下，发生水解或醇解反应生成活性单体，活性单体缩合形成稳定的透明溶胶体系，注入橡胶木后，溶胶进一步缩聚形成具有三维空间网络结构的凝胶，得到橡胶木 / 无机复合材料。与浸渍法相比，溶胶 – 凝胶法处理橡胶木，除可以保留橡胶木的固有属性，如力学性能、尺寸稳定性、多孔性，还能使改性橡胶木的阻燃性能更好。溶胶 – 凝胶法处理橡胶木极具可行性，但工艺较为繁琐且成本较高，并未工业化。

二、防潮处理

橡胶木属于多孔材料，且细胞壁的组成成分纤维素和半纤维素中含有大量吸水羟基，故橡胶木在潮湿环境下极易吸收水分，而水分在橡胶木中的吸收会使其尺寸膨胀，严重时甚至产生开裂影响木质产品的使用。水分也会为霉菌和腐菌提供合适的生长环境，进而使橡胶木表层蓝变，影响美观甚至产生腐朽，缩短橡胶木使用寿命，故防潮改性对橡胶木的防护特别重要，而改性剂的抗流失性与防潮性能的持久性有着直接联系，因而改性剂在具有防潮性的同时要有较好的抗流失性或抗浸渍性。

基于疏水理论和自然界的一些现象，常用于改善橡胶木疏水性的方法有表面涂覆法、水热法、湿化学法等。

1. 表面涂覆法

一般用油漆和覆膜对橡胶木进行处理，这些油漆或者表面所覆盖的薄膜具有疏水性，通过与橡胶木之间产生物理吸附作用，从而减少了水分在细胞间的交换，进而提高了橡胶木的生物耐久性，但是物理吸附不稳定，附着强度相对于化学结合较差。

2. 水热法

水热法是在温度为 100~1000℃，压力为 1MPa~1GPa 条件下，利用水溶液中物质间的化学反应所进行合成的方法。在亚临界和超临界条件下，溶液中离子容易按照化学计量进行反应，此时晶粒会按照结晶习性生成高纯度的结晶粉末。水热法通常分为两步：第一步，构造较为粗糙的表面；第二步，用低表面能物质来修饰构造好的粗糙表面结构。一种方法是在木材表面原位合成球状 α-FeOOH 粗糙表面后使用三氯十八烷基硅烷修饰低表面能，木材表面由原来的亲水性变成了超疏水性，其接触角可达 158°；另一种方法是使用一步水热法，在木材表面成功构建了超疏水薄膜，其接触角可达 153°。

3. 湿化学法

在溶液中，通过化学反应产生沉淀（如利用纳米球等改善表面粗糙度），处理过程中反应液与试样直接接触，最终生成的膜可以改善试样，反应液与基材的化学性质决定了最终生成的纳米材料与表面膜层的结合方式。

三、UF 树脂浸注改性橡胶木性能

采用尿素 – 甲醛（UF）合成树脂作为改性剂，对人工林橡胶树木进行压力浸注处理。UF 树脂浸注对橡胶木的密度、平衡含水率（EMC）、湿胀性和硬度改善明显，并且浸注量越大改善效果越好；其对弹性模量（MOE）和冲击韧性的影响或高或低，且变化幅度有限；其对抗弯强度（MOR）的影响，低树脂增重率时不明显，而在高树脂增重率时提高明显。

四、高温热处理改性橡胶木性能

高温热处理可以有效降低木材吸湿性，通过在热处理过程中改变木材内部结构使其不易发生翘曲变形，从而提高木材尺寸稳定性、耐腐性和抗虫害性，消除木材存在的生长应力及干燥应力等热处理后影响木材湿胀干缩性能的因素。高温热处理木材采用物理方法，无须添加任何化学试剂，不会造成环境污染，符合现代科技中绿色环保的要求。

在120~220℃范围内，橡胶木的全干干缩率和气干干缩率均随着处理温度的提高而降低。随着热处理温度的升高，橡胶木的全干干缩率和气干干缩率均呈现极为规律的降低，木材径向和弦向湿胀率明显降低。通过高温热处理，橡胶木的表面接触角增大，从而降低了木材的表面润湿性。因此，热处理可以有效地使木材的尺寸稳定性增加。

橡胶木经热处理涂饰后的漆膜性能良好，水性漆、油性漆和木蜡油经涂饰后耐干热、耐湿热性能均达到国家标准评定等级的一级；油性漆、木蜡油涂饰后的附着力、耐磨性均达到国家标准要求的一级，而水性漆涂饰后的附着力、耐磨性达到国家标准要求的二级。3种涂料中，水性漆漆膜的硬度要低于油性漆和木蜡油。

热改性可提高橡胶木的耐腐性，对其防霉性能略有改善，而未能提高其防白蚁性能。当橡胶木热改性材用于潮湿或白蚁、蛀虫危害严重的环境中时，需有额外的保护措施。热改性在提高木材耐腐性的同时，也使木材材性发生一系列深刻变化，如颜色变深、平衡含水率降低、尺寸稳定性提高、力学性能降低等。在生产应用中，应根据具体用途对耐腐性、物理力学性能等各方面性能的要求，选择合适的热改性工艺。

热改性可使橡胶木的平衡含水率显著降低，这是因为热改性过程中橡胶木内部发生热降解反应，半纤维素中的亲水性基团（羟基等）减少，导致热改性试材的吸湿性明显低于未处理材，进而平衡含水率低于未处理材。高温度处理材的平衡含水率更低，橡胶木由于环境湿度变化导致的平衡含水率变化减小，发生干缩湿胀程度减小，不易开裂变形。

200℃以内橡胶木处理材的气干、全干密度几乎不变，而当处理温度升至215℃时，气干、全干密度急剧下降，密度与抗压强度和表面硬度密切相关，绝干密度的变化情况与力学性质、尺寸稳定性有相关性。因此，密度的变化可作为评价热改性效果的指标之一。

经过热改性后，橡胶木干缩湿胀率显著降低，这可能是由于在热处理过程中，木材内糖类物质（主要是半纤维素）发生了热降解反应，导致羟基（包括游离羟基）减少，致使相邻分子链之间的氢键断裂机会减少，水分子不易脱离，相邻分子链之间的距离缩小幅度减少，最终在宏观上体现为木材尺寸干缩减少，尺寸稳定性得到改善。

热改性后，橡胶木的吸水率轻微下降，但是这种变化并不显著。在试验过程中发现，浸水的前期，未处理的对照材首先沉入容器底部，随着浸水时间的延长，各处理水平的试件先后都沉入容器底部。

在硬度与局部横纹抗压强度方面，处理温度低于 185℃时，硬度变化不明显；当处理温度在 200℃以上时，硬度显著下降。

在抗弯弹性模量与抗弯强度方面，从整体来看，抗弯弹性模量有所提高，但并不显著，抗弯强度随着处理温度升高呈显著降低趋势。由于在热改性过程中，半纤维素最易发生降解等热化学反应，随着处理温度的升高，这种降解会更为剧烈，进而导致抗弯强度下降。

热改性后，橡胶木对褐腐菌 GT 的重量损失率由 55.93% 减少到 11.63%，耐久性由不耐腐提高到耐腐等级。

五、硅溶胶浸注 – 热处理改性橡胶木性能

硅溶胶是一种黏度较低、渗透性好的无色透明液体，干燥固化可成坚硬的凝胶结构，具有较高的硬度。和树脂相比，硅溶胶无臭无毒无游离甲醛释放，安全环保，且具有良好的热稳定性，在木材热处理过程中不会发生热分解，是一种很有前景的木材改性处理液。

采用硅溶胶作为浸注改性液，分析橡胶木经过浸注及浸注 – 热处理改性后物理性能的变化。研究表明：浸注改性使橡胶木增重率提高约 20%，气干密度提高 15%，平衡含水率降低 6%，径向及弦向气干湿胀率均降低 20% 左右；橡胶木浸注 – 热处理材与热处理材相比，质量损失率降低 15%，气干密度提升约 15%，平衡含水率降低 8%，径向及弦向气干湿胀率则分别降低约 5% 和 20%。

硅溶胶浸注改性可提高木材的密度，改善其尺寸稳定性。该方法具体到橡胶木上，则能使其具有接近热带硬木的厚重感，提升外在品质，扩大应用范围；该方法对吸湿性及尺寸稳定性的改善效果虽不及热处理显著，但仍有一定程度的改善，能帮助提升橡胶木产品的使用性能。

硅溶胶浸注与热处理相结合，不但降低了橡胶木热处理材的质量损失，提高了密度，而且进一步改善了吸湿性及尺寸稳定性。因此，采用二者相结合的改性方

法能改善热处理木材的劣势性能，并进一步提升优势性能，从而扩大其产品的应用范围。

硅溶胶能在一定程度上改善木材（包括炭化木）的阻燃性能，但仍达不到阻燃剂的效果。此外，相比于硅溶胶单一浸注处理，选用氨基树脂、丙烯酸酯乳液、磷酸盐、硼酸盐等有机、无机配方与硅溶胶复合形成多元体系，其阻燃效果更加显著。

采用硅溶胶浸注预处理对白蚁蛀蚀起到了一定的抑制作用，提高了炭化橡胶木的防白蚁性能，对其阻燃性能亦有一定程度的提高，且不影响其吸湿性并显著提高了气干密度及尺寸稳定性。

六、其他橡胶木改性

1. 浸注 – 热处理联合改性橡胶木性性能

为了改进热处理对木材强度造成损失的不足，提高木材的抗白蚁蛀蚀能力，采用先通过树脂浸注处理、再进行热处理的方法对橡胶木进行改性。研究表明：与单一热处理相比，橡胶木经 MUF 树脂浸注后，再进行热处理的联合改性，橡胶木的 MOE、MOR 和硬度明显增加，抗白蚁能力显著增强。

2. 磷 – 氮 – 硼复合阻燃剂改性橡胶木性能

采用水基型磷 – 氮 – 硼复合阻燃剂，对炭化及未炭化橡胶木进行浸注处理，分析不同配方的阻燃剂对橡胶木增重率（WPG）、抗弯弹性模量（MOE）和抗弯强度（MOR）的影响。不同配方的阻燃剂对未炭化橡胶木的增重率无显著影响，而对炭化橡胶木的增重率有显著影响。不同配方的阻燃剂对未炭化和炭化橡胶木的 MOE 和 MOR 均无显著影响，但炭化橡胶木的 MOE 和 MOR 明显低于未炭化橡胶木。

橡胶木凭借其独特的材料性能和优良的环境学特性被大量用于建筑、装饰装修等领域，但橡胶木属于易燃材料，在一定程度上限制了其使用范围，必须对橡胶木进行阻燃处理。

木材阻燃剂的种类繁多，按含有阻燃元素或阻燃元素的组合可分为磷系、硼系、磷 – 氮系、磷 – 氮 – 硼系等。橡胶木的多孔特性决定了木材阻燃剂的主流品种为水溶性产品，鉴于目前的科技发展水平，在较长时间内，磷 – 氮 – 硼系水基型阻燃体系仍是木材阻燃剂的主流。

3. 脲醛树脂浸注改性炭化橡胶木性能

采用脲醛树脂对炭化橡胶木进行浸注处理，探讨了不同浓度树脂浸注对炭化橡胶木物理力学性能的影响。结果表明：浸注木材与对照材相比，平衡含水率显著降低，但不同浓度之间的差异不显著；随着浓度的提高，其密度及表面硬度显著提高，吸水率则显著降低，见表 3-3。

表 3-3 橡胶木改性效果

项目	防腐	阻燃	改性	碳化	改性 + 碳化
密度	—	—	↑	↓	↑
抗弯强度	—	—	↑	↓	↙
弹性模量	—	—	↑	↙	↙
尺寸稳定性	—	—	↑	↑	↑
防腐	↑	—	↗	↗	↗
阻燃	—	↑	↗	↗	↗

第四节 与同类树种性能比较

一、与常规家具用材性能比较

橡胶木与水曲柳、樟子松、栎木、北欧赤松、桦木、泡桐、杉木、槭木、柚木、海棠木、斯文漆、人面子、榆木、榉木、椿木等常规家具用材的基本密度（g/cm^3）、气干密度（g/cm^3）、干缩率（%）、顺纹抗压强度（MPa）、抗弯强度（MPa）、抗弯弹性模量（GPa）、端面硬度（N）等的物理力学性能进行了比较（表 3-4）、等级划分（表 3-5），可以看出，常规家具用材中，除泡桐气干密度为Ⅰ级，北欧赤松、杉木及椿木气干密度为Ⅱ级外，橡胶木与水曲柳、栎木、槭木、柚木和榆木等树种的气干密度均达到Ⅲ级。而橡胶木弦向、径向气干干缩率均为Ⅰ级，而其他常规家具用木材的气干干缩率为Ⅱ级至Ⅴ级，说明橡胶木的尺寸稳定性更佳。另外，橡胶木的力学性能如顺纹抗压强度、抗弯强度、抗弯弹性模量等与其他常规家具用材相差不大，均能达到Ⅱ级至Ⅳ级。

表 3-4 橡胶木与常规家具用材物理力学性能比较（试验时含水率：15%）

树种	基本密度（g/cm^3）	气干密度（g/cm^3）	干缩率（%）		顺纹抗压强度（MPa）	抗弯强度（MPa）	抗弯弹性模量（GPa）	端面硬度（N）
			径向	弦向				
橡胶木	0.53	0.64	0.8	1.9	39.0	75.0	9.2	5492
水曲柳	0.56	0.66	3.2	5.3	48.1	97.7	11.3	5845
樟子松	0.37	0.46	2.42	5.26	32.2	74.0	9.3	2460
栎木	0.56	0.69	2.2	5.4	51.6	97	10.1	7111
北欧赤松	0.42	0.513	3.0	4.5	47.4	89	10.0	3874
桦木	0.49	0.59	4.1	5.0	40.6	93.0	11.2	4540
泡桐	0.20	0.24	1.6	4.9	14.4	22.7	3.7	1912
杉木	0.30	0.36	2.25	4.95	31.4	59.5	9.1	2803
槭木	0.56	0.71	2.9	5.1	54.0	121.0	13.3	7600
柚木	0.48	0.60	2.2	3.9	48.4	103.3	10.2	4903
海棠木	0.53	0.68	2.0	3.7	54.6	104.5	13.1	7384
斯文漆	0.56	0.72	1.4	2.0	38.3	78.5	12.7	4681
人面子	0.47	0.61	1.6	3.8	44	84	12.1	5610
榆木	0.51	0.60	2.8	4.2	36.8	78.0	8.7	4521
榉木	0.67	0.79	3.1	5.4	47.8	127.6	12.4	8189
椿木	0.50	0.52	2.1	3.9	43.2	98.4	9.9	5011

表 3-5 橡胶木与常规家具用材物理力学性能等级划分（试验时含水率：15%）

树种	基本密度	气干密度	干缩率		顺纹抗压强度	抗弯强度	抗弯弹性模量	端面硬度
			径向	弦向				
橡胶木	Ⅲ	Ⅲ	Ⅰ	Ⅰ	Ⅱ	Ⅱ	Ⅱ	Ⅲ
水曲柳	Ⅲ	Ⅲ	Ⅳ	Ⅳ	Ⅲ	Ⅲ	Ⅲ	Ⅲ
栎木	Ⅲ	Ⅲ	Ⅱ	Ⅳ	Ⅲ	Ⅲ	Ⅱ	Ⅲ
北欧赤松	Ⅱ	Ⅱ	Ⅱ	Ⅲ	Ⅲ	Ⅲ	Ⅱ	Ⅱ
桦木	Ⅲ	Ⅲ	Ⅴ	Ⅳ	Ⅱ	Ⅲ	Ⅲ	Ⅲ

续表

树种	基本密度	气干密度	干缩率		顺纹抗压强度	抗弯强度	抗弯弹性模量	端面硬度
			径向	弦向				
泡桐	Ⅰ	Ⅰ	Ⅰ	Ⅲ	Ⅰ	Ⅰ	Ⅰ	Ⅰ
杉木	Ⅰ	Ⅱ	Ⅱ	Ⅲ	Ⅱ	Ⅱ	Ⅱ	Ⅱ
槭木	Ⅲ	Ⅲ	Ⅲ	Ⅳ	Ⅲ	Ⅳ	Ⅳ	Ⅳ
柚木	Ⅲ	Ⅲ	Ⅱ	Ⅱ	Ⅲ	Ⅲ	Ⅱ	Ⅲ
海棠木	Ⅲ	Ⅲ	Ⅱ	Ⅱ	Ⅲ	Ⅲ	Ⅲ	Ⅳ
斯文漆	Ⅲ	Ⅲ	Ⅰ	Ⅰ	Ⅱ	Ⅱ	Ⅲ	Ⅲ
人面子	Ⅲ	Ⅲ	Ⅰ	Ⅱ	Ⅱ	Ⅱ	Ⅲ	Ⅲ
榆木	Ⅲ	Ⅲ	Ⅲ	Ⅲ	Ⅱ	Ⅱ	Ⅱ	Ⅲ
榉木	Ⅳ	Ⅳ	Ⅳ	Ⅳ	Ⅲ	Ⅳ	Ⅲ	Ⅳ
椿木	Ⅲ	Ⅱ	Ⅱ	Ⅱ	Ⅲ	Ⅲ	Ⅱ	Ⅲ

二、与速生木材性能比较

橡胶木与桦木、桤木、鹅掌楸、桉木、杨木、泡桐、杉木、奥克榄、坎诺漆等常规家具用材的基本密度（g/cm^3）、气干密度（g/cm^3）、干缩率（%）、顺纹抗压强度（MPa）、抗弯强度（MPa）、抗弯弹性模量（GPa）、端面硬度（N）等的物理力学性能进行了比较（表 3-6）、等级划分（表 3-7），可以看出，橡胶木与其他速生木材相比，橡胶木基本密度最大可达Ⅲ级，而其他速生木材基本密度多为Ⅰ级至Ⅱ级，橡胶木物理性质如弦向、径向气干干缩率要优于桦木、桉木、杨木、杉木等速生材，说明橡胶木的尺寸稳定性更佳。另外，橡胶木的力学性能相较泡桐、坎诺漆要高，与其他速生木材如鹅掌楸、桤木等树种力学性能差异不大，均能达到Ⅱ级至Ⅲ级。

表 3-6　橡胶木与速生木材物理力学性能比较（试验时含水率：15%）

树种	基本密度（g/cm^3）	气干密度（g/cm^3）	干缩率（%）		顺纹抗压强度（MPa）	抗弯强度（MPa）	抗弯弹性模量（GPa）	端面硬度（N）
			径向	弦向				
橡胶木	0.53	0.64	0.8	1.9	39.0	75.0	9.2	5492
桦木	0.49	0.59	4.1	5.0	40.6	93.0	11.2	4540

续表

树种	基本密度（g/cm³）	气干密度（g/cm³）	干缩率（%）		顺纹抗压强度（MPa）	抗弯强度（MPa）	抗弯弹性模量（GPa）	端面硬度（N）
			径向	弦向				
桤木	0.44	0.53	1.5	4.3	35.8	84.8	9.8	4403
鹅掌楸	0.45	0.56	1.9	5.1	35.9	81.8	10.8	4158
桉木	0.51	0.71	3.4	6.0	48.6	102.8	12.6	6472
杨木	0.39	0.47	2.4	4.2	41.9	78.1	11.4	3001
泡桐	0.20	0.24	1.6	4.9	14.4	22.7	3.7	1912
杉木	0.30	0.36	2.25	4.95	31.4	59.5	9.1	2803
奥克榄	0.37	0.45	4.1	6.1	36.9	86.8	7.9	1388
坎诺漆	0.30	0.37	1.6	3.0	23.3	44.4	6.6	2500

表 3-7　橡胶木与速生木材物理力学性能等级划分（试验时含水率：15%）

树种	基本密度	气干密度	干缩率		顺纹抗压强度	抗弯强度	抗弯弹性模量	端面硬度
			径向	弦向				
橡胶木	Ⅲ	Ⅲ	Ⅰ	Ⅰ	Ⅱ	Ⅱ	Ⅱ	Ⅲ
桦木	Ⅲ	Ⅲ	Ⅴ	Ⅳ	Ⅱ	Ⅲ	Ⅲ	Ⅲ
桤木	Ⅱ	Ⅱ	Ⅰ	Ⅲ	Ⅱ	Ⅱ	Ⅱ	Ⅲ
鹅掌楸	Ⅱ	Ⅲ	Ⅰ	Ⅳ	Ⅱ	Ⅱ	Ⅲ	Ⅲ
桉木	Ⅲ	Ⅲ	Ⅳ	Ⅳ	Ⅲ	Ⅲ	Ⅲ	Ⅲ
杨木	Ⅱ	Ⅱ	Ⅱ	Ⅲ	Ⅱ	Ⅱ	Ⅲ	Ⅱ
泡桐	Ⅰ	Ⅰ	Ⅰ	Ⅲ	Ⅰ	Ⅰ	Ⅰ	Ⅰ
杉木	Ⅰ	Ⅱ	Ⅱ	Ⅲ	Ⅱ	Ⅱ	Ⅱ	Ⅱ
奥克榄	Ⅱ	Ⅱ	Ⅲ	Ⅱ	Ⅱ	Ⅱ	Ⅱ	Ⅱ
坎诺漆	Ⅰ	Ⅱ	Ⅰ	Ⅱ	Ⅰ	Ⅱ	Ⅰ	Ⅰ

注：1. 基本性质分为物理性能和力学性能，并分为Ⅰ、Ⅱ、Ⅲ、Ⅳ、Ⅴ五个级别，测定值逐渐增大。

2. 分级标准见表 3-8。

表 3-8　木材物理力学性能分级标准

分级	基本密度（g/cm³）	气干密度（g/cm³）	干缩率（%）		顺纹抗压强度（MPa）	抗弯强度（MPa）	抗弯弹性模量（GPa）	端面硬度（N）
			径向	弦向				
Ⅰ	≤0.3	≤0.35	<2.0	<3.0	≤29	≤54	≤7.4	≤2500
Ⅱ	0.31~0.45	0.351~0.55	2.0~2.5	3.0~4.0	29.1~44.0	54.1~88.0	7.5~10.3	2510 4000
Ⅲ	0.46~0.60	0.551~0.75	2.5~3.0	4.0~5.0	44.1~59.0	88.1~118.0	10.4~13.2	4010~6500
Ⅳ	0.61~0.75	0.751~0.95	3.0~3.5	5.0~6.0	59.1~73.0	118.1~142.0	13.3~16.2	6510~10000
Ⅴ	≥0.75	≥0.95	>3.5	>6.0	>73.0	≥142.0	≥16.3	>10000

第四章

橡胶木及其制品的加工工艺与技术

橡胶木的主干可以用来制作规格料或旋切成薄木皮，从而加工生产出部件和半成品，最终应用到家具、木门、地板、卫浴柜、户外景观、建筑装饰装修等领域。橡胶木的枝丫材用来制作刨花板，其成品多数为家具、定制家居等。橡胶木的锯木屑可以用来制作生物质颗粒燃料。

第一节　橡胶木制材加工工艺与技术

制材加工直接关系到木制品质量及企业的效益，如果采用不同的制材工艺，则生产锯材的出材率不同，干燥特性也不同，因而加工后的产品在使用过程中开裂、变形的趋势及程度也不尽相同。因此，要有针对性地从源头把握好产品的质量。原木锯解是所有木材加工流程中的第一道工序，也是最为重要的一道工序，其核心就是将原木加工成为符合企业标准及用户要求的锯材，产品在保证质量的前提下一定要提高出材率，使企业效益最大化。

常用的制材工艺由原木运输、大带锯（跑车带锯）原木初剖、小带锯（平台带锯）板方再剖、小带锯处理板皮及小料等工序组成。有的制材厂还加设原木截断、毛板截断、毛板裁边等工序。制材企业的厂房布置和设备情况各有不同的特点，但其工艺流程基本相同。一般制材的工艺流程如图 4-1 所示。

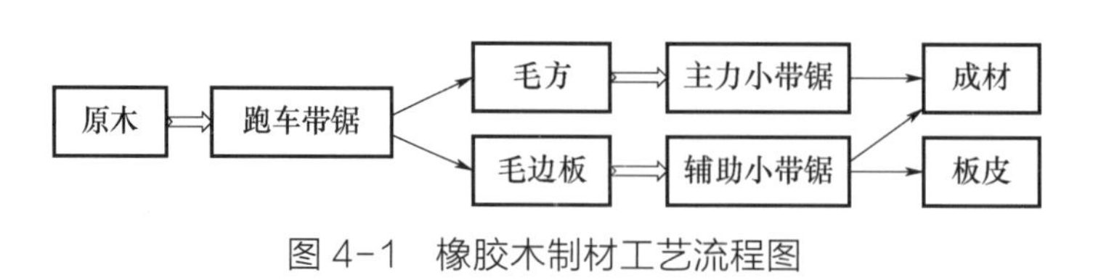

图 4-1　橡胶木制材工艺流程图

由于橡胶木中小径材较多，原木制材大多采用锯轮直径为 800~900mm 的小型木工带锯机，功率 7.5~11kW，辅简易导轨手动进给。板材的锯解和裁边均由一台带锯完成，制材多为两面下锯法，保留髓心。一般 1 吨橡胶木原木出 0.50~0.56 吨锯材。原木初含水率 90%~100%，平均 2.3 吨出产 1m³ 锯材及 1 吨锯屑和板皮，每台带锯平均加工板方材 4~5m³/d。直径超过 15cm 的原木用来生产梯形整边锯材，小原木加工成规格材，多用于生产橡胶木集成材拼板，总的出材率可达 60%。马来西亚采用避心法，仅加工直径 20mm 以上的原木，出材率约 30%，但锯材均为不含髓心的规格材，其板材出材率稍低。

一、原木锯解

1. 原木锯解前的准备工作

原木锯解前的准备工作包括以下几项：
①详细了解与木材锯解相关的劳动安全与保护措施；
②检查锯机设备、运输设备等性能安全，运转正常；
③场地及原木等材料清洁，不会对操作人员及锯机等设备构成危害。

2. 锯解方案的制定

依所用设备及所锯解的原木特性，选择合适的锯解工艺，主要包括以下内容：
①计划好下锯的位置及锯路的顺序；
②原木正确定位、进给并按计划顺序进行锯解；
③正确操作锯机及进给设备，以免给木材或设备造成损害；
④控制好锯路，以减少损失，提高木材出材率；
⑤锯解过程中注意观察木材内部的缺陷，及时对锯解工艺进行调整；
⑥对产品及木材质量进行记录，为改进工艺提供基础。

3. 锯解过程

（1）初剖

初剖又称为开料，指的是将原木在头道锯上进行锯剖，如锯出基准面或剖成毛方、板皮等。初剖的目的是减小毛方的尺寸及重量，以便毛方及板皮能再次锯解。

初剖前先对原木进行评估，依其特性设计出最优出材量及高质量出材率的锯解方案。每段原木都有独特的性质，可以从外部观察到一些信息，但只有在下锯之后才能了解其真正的性质。因此，第一锯对于原木锯解来讲非常重要。判断第一锯口时应从以下几方面进行考虑：

①原木的尺寸、直径及长度；
②原木的形状；

③企业要求（订单规格要求）；

④原木的缺陷，如端裂、弯曲及尖削度等。

此外，在锯解过程中还会观察到其他缺陷如节子、虫眼等。在原木初剖阶段可将高质量和低质量的部分进行区分，比如，图 4-2 中第 3 个锯解方案是不适宜的（降低了出材率）。

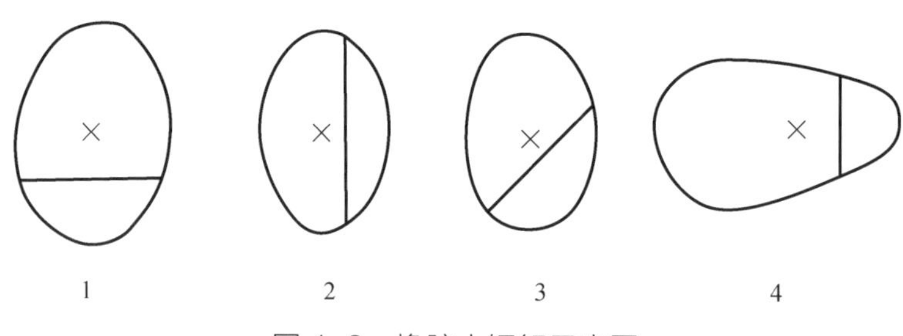

图 4-2 橡胶木锯解示意图

（2）再剖

在锯解过程中，再剖是最重要的一道工序，锯解的位置及顺序是锯材质量及锯解效率的决定因素，应依产品订单及企业要求而定，还要考虑毛方及板皮不规则形状对产品的影响。

二、锯解工艺

锯解工艺对于锯解的加工效率、提高板材等级及产品价值都有重要意义，锯解技术的改进与选用会极大地影响加工成本、出材率及产品的市场竞争力。将一根原木锯解成板材有许多锯解方法，首先要以企业或用户的需要确定板材的规格尺寸，然后按需要进行原木锯解。常用的锯解方式有径切板下锯法和弦切板下锯法，此外还有毛板下锯法和楔形（辐形）下锯法。采用何种锯解工艺不仅取决于锯解时板材的状态，还要考虑在后续加工过程中对木材的总体出材率及产品质量的影响。木材干燥时会发生收缩，径切板收缩为弦切板收缩的 50%~60%，且高收缩发生位置在板的短边；弦切板高收缩率发生于板的长边。高收缩的弦切板干燥时可在表面产生显著的干燥应力，并导致表面开裂。

1. 径切板下锯法

径切板下锯法即将原木加工成径切板的下锯方法。径切板为沿原木半径方向锯割的板材，年轮线与宽材面夹角大于45°。径切板下锯法加工的板材质量较高，单锯解过程中原木的翻转较多且浪费严重，导致出材率较低。径切板如图4-3所示。

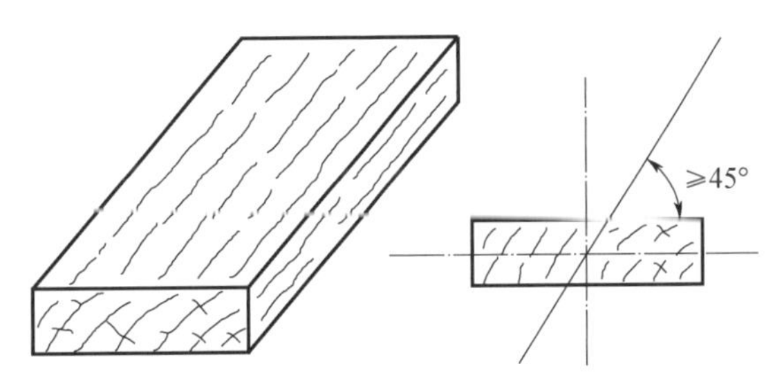

图4-3 径切板示意图

径切板下锯法通常先将原木锯解成四开材，然后将每个四开材锯成不等宽度的径切板，如图4-4所示。虽然径切板在宽度上很窄，不超过原木半径，但可明显减少锯解后板材表面开裂和劈裂以及后续气干和窑干过程中开裂和横弯等缺陷。径切板下锯法的关键在于，将锯解和干燥过程中容易发生开裂的原木中心部分移至径切板材的边缘。不过，径向下锯法生产的锯材也具有易反翘和厚度不规则等缺陷，需要在干燥后与板材进行边刨光和表面刨光来矫正。

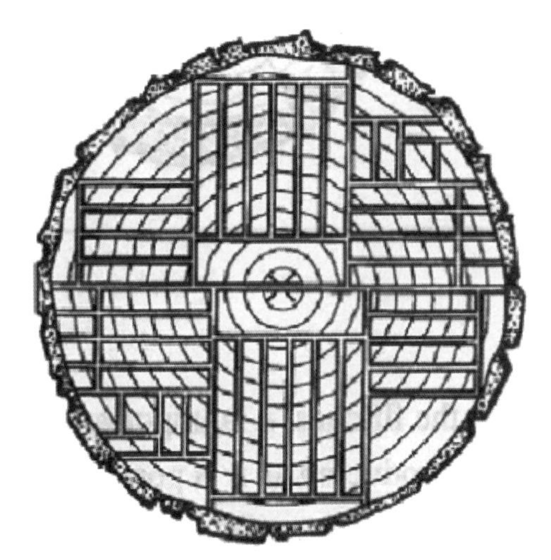

图4-4 径切板下锯图

（1）橡胶木径切板的特点

①年轮方向平行于锯材的短边，板材的宽面都接近木材的径切面，在此面上可见大量的生长年轮；

②选择原木时，直径应较大，因为制成的板材宽度小于原木的半径；

③直径小于40cm时，出材率较低；

④小径原木加工费用较高。

（2）橡胶木径切板的优点

①表面开裂和内裂现象不显著；

②可以生产厚板材，板宽度方向的收缩率较低；

③板材表面纹理较均匀；

④用于地板及家具时表面较耐磨；

⑤涂饰性能较好；

⑥较其他下锯法的板材发生的横弯和翘曲小；

⑦可较好地进行气蒸处理。

（3）橡胶木径切板的缺点

①由于生长应力引起的变形等情况，板材损失较大；

②干燥时间较长；

③表面钉钉时易劈裂。

2. 弦切板下锯法

弦切板下锯法即将原木加工成弦切板的下锯方法。弦切板为沿原木年轮切线方向锯割的板材，年轮切线与宽材面夹角小于45°。如果最终产品质量要求较高的话，由于生长应力和干燥降等也会造成较大的浪费。弦切板如图4-5所示。

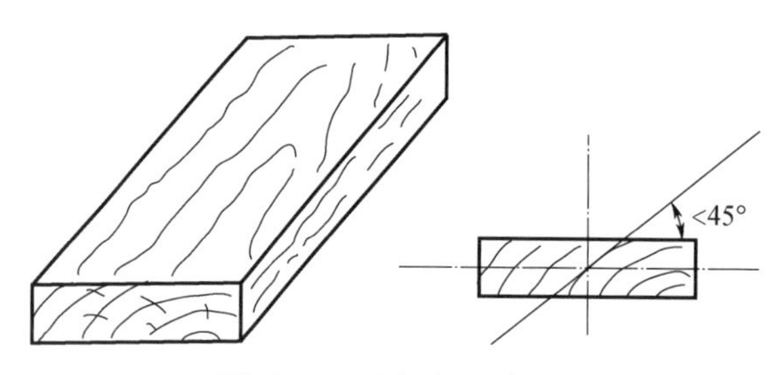

图4-5　弦切板示意图

弦切板下锯法就是沿着原木边部，平行或垂直原木断面直径（或半径）下锯，如图4-6所示。通常所说的四面下锯法、三面下锯法都属于弦切板下锯法。弦切板宽度较宽，干燥较径切板要快，但干燥过程较易出现干燥缺陷。

图4-6　弦切板下锯图

（1）橡胶木弦切板的特点

①板材的长面接近弦切面，短面接近径切面；

②年轮平行于长边，宽面上没有年轮交叉现象，且分得很开，可见到有趣的花纹；

③为从弓形材上锯下较大的板材提供了可能，最大宽度只要小于原木的直径即可；

④直径对出材率影响不大，出材率均较高；

⑤对于所有径级原木来讲，弦切板加工费用都不高，且对于高生产率系统来讲，弦切板加工费用

很低。

（2）橡胶木弦切板的优点

①生产率高且锯解费用低；

②干燥速度快；

③木材表面纹理美观；

④钉钉时不易劈裂；

⑤可锯解出宽的板材；

⑥边上结疤少。

（3）橡胶木弦切板的缺点

①干燥降等较高；

②木材干燥时，宽度方向收缩大；

③易发生横弯与翘曲。

橡胶木径切板和弦切板下锯的主要区别见表 4-1。

表 4-1 径切板与弦切板下锯的主要区别

特性	径切板	弦切板
生产率	较低	较高
木材出材率（%）	较弦切板低 10	较高
尺寸	受原木直径限制	可出较宽的板材
结疤较多时	影响较多的产品	影响比例较低
生长应力引起的变形	边弯	弓弯
干燥降等	容易控制	很难控制
生长轮	有较均匀的外观	板面纹理独特
稳定性	好	问题较多

3. 毛板下锯法

毛板下锯法指在锯解过程中原木保持一个位置，在锯解中不翻转。毛板下锯法锯解成本最低，但锯解的板材质量也低，是一种混有径切板和弦切板的弦锯成材。毛板下锯法从原木中锯下板材开始时为弦切板，至一定位置时板材中部是弦切板，边两侧为径切板，如图 4-7 所示。

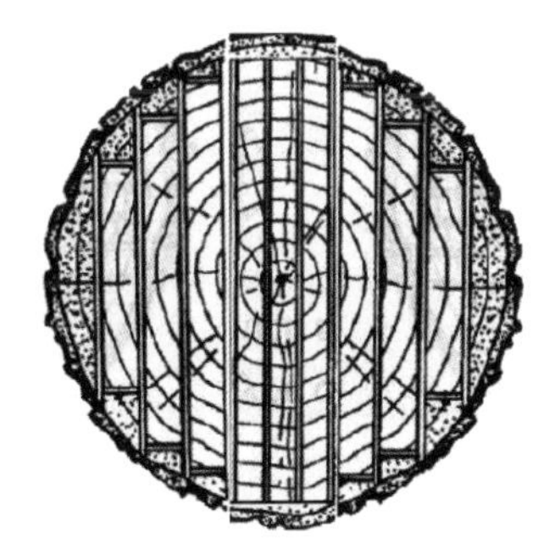

图 4-7 毛板下锯图

4. 辐形下锯法

因锯下的形状为楔形，可称为楔形下锯法。其是由 Radial Timber Australia 公司发明的锯解技术，在澳大利亚被称为人工林小径原木高效锯解的革命性方法，可产出楔形的材料，对直径小的原木，其较常规的锯解更有优势，可克服幼龄材的应力问题，出材率高。楔形下锯法以天然木材的生长顺序锯解木材，与生长年轮方向一致且残余应力小。锯解开的三角形木材再锯解出弦向的梯形材，生长应力和干燥应力在木材内部的分布都较均匀，比较适合锯解应力大的小径原木。楔形下锯法锯解弦切板和径切板如图 4-8 所示。

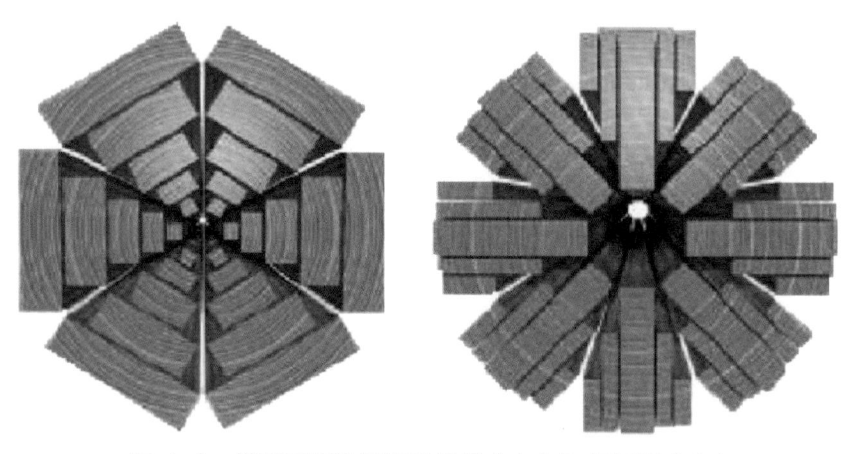

图 4-8　楔形下锯法锯解弦切板（左）和径切板（右）

（1）楔形下锯法的特点

①每一块木材都是楔形，宽边处为边材，角上是髓心或芯材；

②每块径向材反映了原木长度方向的形状，该特性可用在木结构建筑上；

③楔形材出材率很高，弦切板出材率较高（图 4-9）。

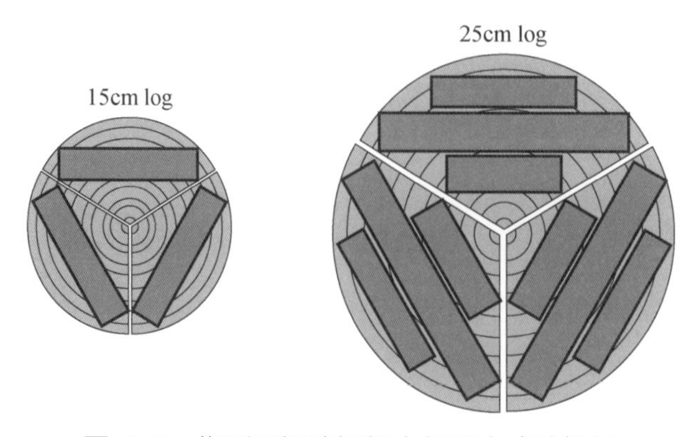

图 4-9　楔形下锯法锯解小径原木成弦切板

（2）楔形下锯法的优点

①对于弦切板较常规锯解加工板材出材率高；

②尺寸稳定性好；

③不易横弯与翘曲；

④木材的浪费少。

（3）楔形下锯法的缺点

①生产效率较低；

②横截面为楔形；

③较难设计和使用；

④很难堆垛；

⑤生产的板材较窄，应用范围受限。

第二节　橡胶木改良加工工艺与技术

新伐橡胶木的薄壁组织细胞中有较高含量的碳水化合物，在温度、湿度较高的热带或亚热带地区，很容易被菌、虫侵害。在国内传统的橡胶木的改良处理过程中，采用硼砂 / 硼酸的改良剂真空加压处理方法。早期的五氯酚钠改良剂用于气干过程中防霉防蓝变，因其对人的毒性较高，已经禁止使用。东南亚橡胶木加工中，普遍采用硼砂 / 硼酸真空加压处理后直接进窑干燥技术，改良后无气干过程，改良剂成分中不含五氯酚。中国海南地区橡胶木从砍伐、锯材、改良再到干燥一般需 7~10 天，因海南及中国南部沿海易受台风侵扰，原木不能及时运输至加工厂，改良剂暂时保管原木环节尤为重要。

橡胶木改良工艺一般都采用真空加压，改良罐容量在 2~12m^3，改良工艺多为满细胞法，如 2.5mm 厚的板材前真空 10min，加压 40min，后真空 10min，压力 1.0~1.5MPa。将锯切好的橡胶木锯材捆起来，利用罐体进行简单的表层处理，处理时间约为 1 小时，主要目的是保证锯材在干燥之前不霉变。橡胶木改良后的锯材主要用于家具等室内用材。因对环保污染的重视，我国仅采用环保的硼酸 / 硼砂（BB）处理，并及时改良、干燥，处理成本约 30 元 / 立方米，遇到雨季加 FB 等防霉剂，处理成本增加约 10 元 /

立方米。由于板材外观颜色是影响价格的重要因素，少数厂家曾采用亚硫酸钠或过氧化氢等作为漂白剂来改善外观，使木材颜色变白，但锯材表面会失去木材自然的色泽。

一、暂时保护

板材在进入窑前的气干过程中，为防止菌虫的滋生，需采取暂时保护，在硼改良剂加入防虫剂及防霉防变色剂。木材防霉防变色剂应为溶液、乳液、悬着液，外包装应标明各有效成分的含量，应有使用说明书，使用说明书中应包括其合理的使用浓度、使用量。

暂时保护所用防虫剂应至少含以下成分之一：溴氰菊酯（deltamethrin）、氯氰菊酯（cypermethrin）、氯菊酯（permethrin）、氟氯氰菊酯（cyfluthrin）、联苯菊酯（bifenthrin）、毒死蜱（chlorpyrifos）、吡虫啉（imidacloprid）、氟虫腈（fipronil）、虫螨腈（Chlorfenapyr）。

暂时保护所用防霉防变色剂应至少含以下成分之一：百菌清（chlorothalonil）、8-羟基喹啉铜（copper oxine）、亚甲基双硫代氰酸酯（MBT）、苯噻清（TCMTB）、多菌灵（Carbendazim）、噻菌灵（TBZ）、苯菌灵（benomyl）、3-碘-2-丙炔基-丁氨基甲酸酯（IPBC）、二癸基二甲基氯化铵（DDAC）、十二烷基苄基二甲基氯化铵（BAC）、椰油基三甲基氯化铵（coco trimethyl ammonium chloride）、丙环唑（propiconazole）、5-氯-2-甲基4-异噻唑啉-3-酮（isothiazolinone）、丁苯吗啉（fenpropimorph）。

二、长期保护

长期保护一般采用真空加压法，使改良剂完全渗透至木材内部而达到长期保护的作用。国内一般采用的硼改良剂，主要为硼酸与硼砂。因为橡胶木较容易被硼改良剂渗透，可达到较好的效果。鉴于硼改良剂不抗流失，其改良后的制品只能用于室内，而不能用于室外。橡胶木干燥后，其制品只要不在室外及室内潮湿的环境使用，不会长霉、变色，但会遭粉蠹甲虫的侵害。

真空加压浸渍工艺处理橡胶木板材的工艺如下：

①初真空，将木材中的空气抽出，以便改良剂较容易渗透至木材内部；

②注入改良剂，在真空条件下，将改良剂注入罐中；

③加压，注入改良剂后，解除真空、加压，加压需持续一定时间，直至改良剂的

吸药量符合标准规定为止；

④解除压力后，排出罐中的改良剂；

⑤后真空，保持真空一定时间，使木材表面多余的改良剂滴回储液罐中，木材离开罐时可减少改良剂滴洒。

处理工艺根据板材厚度及处理前板材中的含水率而变化。硼改良剂处理橡胶木时的含水率可以为 50%~100%。

橡胶木真空加压处理各阶段时间、压力要求见表 4-2。

表 4-2 真空加压处理橡胶木时间表

阶段	真空 / 压力（MPa）	时间（min）
初真空	0.083~0.099	30~45
加压	1.2~1.4	60~120
后真空	0.053~0.086	10~20

第三节 橡胶木干燥工艺与技术

防止橡胶木蓝变腐朽的关键步骤除了进行改良处理外，还要对板材进行及时干燥，使木材含水率在短时间内降低，从而破坏菌类的生存环境；经过 60℃以上温度干燥处理后，当木材含水率低于 15% 时，可以杀死木材内部的虫卵并减少菌类和害虫的侵害与破坏，预防锯材的腐朽和虫害。通过干燥，可以提高橡胶木的稳定性，防止开裂和变形；提高使用强度，改善切削加工性能，便于储存和运输，既保证橡胶木的品质又提高抗腐蚀能力。

锯材的干燥一般分为 5 个阶段：初期处理、干燥阶段、平衡处理、终了处理、表面干燥。一般分为气干法和窑干法。

一、橡胶木的气干

木材的大气干燥又称为天然干燥，简称气干。它是将木材堆放在板院内或通风的棚舍下，利用大气中的热力蒸发木材中的水分使之干燥。该方法工艺简单，容易操作，在生产中早已广泛应用。通常是将气干作为人工窑干的预干燥环节。实践表明，合理的气干不仅可以节省能耗，而且可以使木材含水率趋于均匀，减少木材应力，从而为进一步的窑干做好准备。

1. 橡胶木气干的干燥周期

气干第一个月，无论任何季节，干燥速度都很快。当含水率降至接近纤维饱和点时，气干的速度明显变慢。这时干燥速度受当地气候条件影响较大，而木材的最终气干含水率与当地的平衡含水率有关，因此要根据生产需要确定是否继续进行气干。表 4-3 中列出了海南和云南的月平均平衡含水率情况。

表 4-3　海南和云南平衡含水率月平均估计值（%）

月份	一月	二月	三月	四月	五月	六月	七月	八月	九月	十月	十一月	十二月	平均
海南	19.2	19.1	17.9	17.6	17.1	16.1	15.7	17.5	18.0	16.9	16.1	17.2	17.3
云南	12.7	11.0	10.7	9.8	12.4	15.2	16.2	16.3	15.7	16.6	15.3	14.9	13.5

2. 橡胶木气干缺陷及预防

气干时引起的缺陷有开裂、翘曲、菌腐等。开裂主要表现为端裂、细小端表裂。这主要是由于板材端部水分流失过快，木材快速收缩而产生的拉伸应力所致。翘曲呈现出顺弯、侧弯、瓦弯和扭曲等变形，主要是由于横纹理之间、弦向与径向之间收缩差异引起的。另外，由于气干时受剧烈阳光的单面照射，或隔条间距过大以及隔条上下没有对齐等因素影响，都会引起板材翘曲。橡胶木这样的板材，如果初期干燥速度过慢，易被蓝变菌侵蚀。还有少数木材在春季或梅雨季节也会受菌类、飞虫等的侵害而造成板材降等。因此，要采取相应的防护措施（表 4-4）。

表 4-4　气干缺陷的预防措施

缺陷名称	预防措施
裂纹	加大材堆宽度； 减少材堆之间距离（0.5~0.6m）； 板材之间的间隙要小，材堆上部相应缩小； 将两端隔条靠近板材的端面； 顶盖要能遮住风、雨及阳光； 尽量使用箱形堆积，使材堆端部的形状呈矩形； 在板材端面涂上沥青等涂料或钉上防裂板条

续表

缺陷名称	预防措施
翘曲	隔条应放在横梁上，并要求上下垂直； 隔条的间隔要小些； 板材的厚度、隔条厚度要各自保持均匀一致； 必须设置顶盖； 材堆顶部所压重物分布要均匀
变色	材堆宽度要小； 板材之间的间隙要大； 材堆之间的距离要大些； 保证材堆下部通风良好； 辅助通道要宽敞； 堆积前板材用防腐剂处理

3. 橡胶木气干时应注意的问题

由于橡胶木很易蓝变腐朽，因此在实际生产中，橡胶木板材气干之前都要进行药物防霉防虫处理。而使用的药物不同、处理方法不同，都会影响气干时间，因此，橡胶木气干时还要特别注意以下几点。

①气干场地的选择：木材气干场所的气候条件直接影响木材的干燥速度和质量。而气干场地所在位置的温度、气流速度和相对湿度等是影响木材气干的主要因素，对于气干前就进行过防腐处理的橡胶木板材来说，由于含水率较高，选择气干场地时，一定要通风效果好。

②气干时间：橡胶木进行处理的药物及处理方法不同，会影响气干时间。例如，用硼酸硼砂混合制剂简单地浸泡，气干 10~30 天板材不会霉变；如果用该混合制剂对板材进行真空加压改良处理，气干持续两个月板材不会霉变。一般来说，橡胶木气干时间不宜太长，尤其是在潮湿的季节。实验表明，最长不要超过两个月，而终含水率在 30%~20% 时结束气干比较经济合理。如果气干时间太长，木材的芯部容易出现蓝变，而这种蓝变表面上一般看不出来，可锯开后就会看到芯部有蓝变发生。特别是在雨季，更容易出现此现象。

③木材的堆积：由于橡胶木极易蓝变腐朽，且初含水率高，因此码垛好坏直接影响木材的干燥速度和干燥质量。码垛时要严格遵照码垛要求。操作时要求板材端面、侧面一条线，隔条上下垂直一条线，在材堆端部的隔条要紧压木材端面。材堆的尺寸根据板材的尺寸而定，一般情况下，高度为 2.5~3m，宽度为 2m，长度为 3m，并且要

求相同厚度的板材堆成一垛，如果数量不够，尽可能把规格接近的板材堆在一起，以便下道工序的实施；码好垛的材堆要挂上跟踪卡，要标明防腐，便于气干木材有计划地周转，避免混乱。

④隔条的选择：对于薄板材气干时，要选择特制的隔条以增大材堆内横向通风道。对于厚板材气干时，不必制作专用隔条，采用板材本身作隔条就可以，这样既可以增大气干总量也可保证气干质量。但这就要求在生产过程中有计划、有条理地搭配，较厚、宽度较窄的板材可以作为隔条，隔条的使用方法遵循气干技术的统一要求。

⑤材堆的布置：材堆的布置应有条不紊，按场地合理排放，避免后期材堵前期材，造成前期材拉不出的现象。在生产过程中要有计划、有目的地安排。材堆布置方向要根据主风向来确定，主风向应垂直吹向材堆，使气流顺利穿过材堆，带走木材蒸发出的水分，加速干燥速度。另外，最底层要与地面保持 50~70cm 的距离。

⑥调整材垛：气干到一定含水率的木材要进行窑干时，最好把气干材拆垛，一方面调整材堆中板材的含水率，把中间部分调整到上下，目的在于使窑干时的木材含水率均匀一致、消除部分内应力；另一方面采用标准隔条，能避免产生干燥缺陷，增大装窑量。另外，拆垛后还可以再次对板材的规格进行分类，从而保证同一规格的板材进入同一窑干燥，保证干燥周期的同一性，以节约干燥能耗，同时提高干燥质量。

二、橡胶木的窑干

锯解后的锯材整齐堆码于平整的托盘上，上下层之间用隔条均匀隔开，且隔条放置时应上下对齐。进干燥窑堆垛后顶部用重物压实，以减少干燥过程中锯材的翘曲变形。

锯材进窑后必须进行喷蒸处理，使木材在不蒸发水分的情况下进行预热前期处理。

在初期处理结束后，窑内的温度和湿度应按干燥基准规定进行调节，基准阶段转换应缓慢过渡，不可急剧升高温度或降低温度。

在干燥过程中，易发生侵填体多，且易形成应力木，材质不稳定，有干缩湿胀和变形开裂。工作人员应多注意观察干燥设备运行情况及锯材变化情况，一旦发现质量问题应及时采取处理措施。

一般锯木厂的干燥窑每次干燥橡胶木锯材数量为 40~50m^3，其数量配置与台锯比例关系约为 1∶1.2。橡胶木锯材的干燥时间一般为 7~10 天，时间的长短与厚度有关。东南亚橡胶木锯木厂的干燥窑一般为砖混窑，能耗高、故障率高且干燥不均匀。窑尺寸 6m × 6m × 4.8m 砖混的建设成本为 11 万元 / 个（不包含锅炉建设成本）。

木材窑干技术比较成熟和完善，比其他干燥方法应用更广泛，今后相当长时间内，窑干仍是最基本的干燥方法。常规窑干是指干燥温度不超过 100℃的低温窑干和常温窑干。这是因为干燥温度适中，湿度可以调节，对木材物理力学性能如强度、色泽等几乎没有什么影响，能保证干燥质量，适用于干燥各种易干和难干树种，有时也用于干燥竹材、药材以及木质材料为基材的制品或半成品等。

常规干燥过程一般可分预热阶段、干燥阶段和冷却阶段。

1. 预热阶段

木材干燥初期，必须把木材加热到一定程度，称为预热处理。预热的目的是使较冷的木材加热到干燥初期阶段相适应的温度。在预热阶段暂时不让木材中的水分蒸发，而使木材内部热透。干燥开始后，使其温度梯度和含水率梯度方向一致。因此，初期预热温度一般比干燥基准第一阶段的温度高 8~10℃，相对湿度则根据木材的初含水率而定，当初含水率大于 30% 时，可采用 100% 左右的相对湿度，经过气干的木材，沿断面的含水率接近纤维饱和点时，应采用略大于被干木材平衡含水率相当的相对湿度。预热时间取决于锯材的树种、厚度和外部气候条件。原则是预热后木材内部温度要高于第一个干燥阶段干燥介质温度 5~8℃。

2. 干燥阶段

经过预热处理之后，木材进入干燥阶段，首先是自由水蒸发，只要介质温度、湿度和气流速度保持不变，含水率降低速度亦大致相同。自由水蒸发完毕，吸着水开始蒸发，含水率降低速度越来越慢，即为减速干燥阶段。在减速干燥阶段，还应根据木材干燥应力发展变化状况，调节木材表面或内部的水分分布而进行调湿处理，亦称中间处理。当干到要求的使用含水率时，为了平衡内外应力要进行平衡和高湿处理，亦称终了处理。家具和地板锯材要特别注重终了处理的质量，不仅要保证要求的使用含水率，而且要使干燥后的板材不存在残余应力。

3. 冷却阶段

当木材干到要求的最终含水率并进行终了处理后，干燥结束，即可关闭加热和喷蒸阀门及通风机，使木材在干燥室内存放较短时间，冷却到一定的温度后方可卸出。

三、橡胶木干燥特性和干燥基准

根据橡胶木板材的干燥特性试验，橡胶木材的初期开裂为 2 级，内裂和截面变形为 1 级。橡胶木干燥速度较快，一般板材容易沿导管发生小而浅的表裂，但在刨光后可除去。带髓心的板材在干燥时常发生较长和较宽的表裂，甚至形成劈裂，此外还容易发生纵向弯曲和扭曲。因此，为了提高干燥质量，制材时应避开髓心，或锯出带髓心的方材（30mm 左右），尽可能减少人工斜纹理。不同厚度的橡胶木板材干燥基准参见表 4-5、表 4-6。

表 4-5　橡胶木板材干燥基准（25mm）

<table>
<tr><th>含水率</th><th>干球温度（℃）</th><th>干湿球温度（℃）</th><th>EMC（%）</th><th>备注</th></tr>
<tr><td>预处理</td><td>65</td><td>0~1</td><td>20.1</td><td rowspan="8">4~5h</td></tr>
<tr><td>50% 以上</td><td>60</td><td>3</td><td>15.3</td></tr>
<tr><td>50%~40%</td><td>60</td><td>4</td><td>13.8</td></tr>
<tr><td>40%~30%</td><td>62</td><td>5</td><td>12.4</td></tr>
<tr><td>30%~25%</td><td>65</td><td>8</td><td>9.7</td></tr>
<tr><td>25%~20%</td><td>70</td><td>12</td><td>7.5</td></tr>
<tr><td>20%~15%</td><td>75</td><td>15</td><td>6.3</td></tr>
<tr><td>15% 以下</td><td>85</td><td>20</td><td>4.9</td></tr>
<tr><td>终处理</td><td>85</td><td>5</td><td>11.4</td><td>4~5h</td></tr>
</table>

表 4-6　橡胶木板材干燥基准（50mm）

<table>
<tr><th>含水率</th><th>干球温度（℃）</th><th>干湿球温度（℃）</th><th>EMC（%）</th><th>备注</th></tr>
<tr><td>预处理</td><td>60</td><td>0~1</td><td>20.0</td><td rowspan="4">6~10h</td></tr>
<tr><td>50% 以上</td><td>55</td><td>3</td><td>15.6</td></tr>
<tr><td>50%~40%</td><td>55</td><td>4</td><td>14.0</td></tr>
<tr><td>40%~30%</td><td>57</td><td>5</td><td>12.6</td></tr>
<tr><td>中间处理</td><td>65</td><td>1.5~2</td><td>17.1</td><td rowspan="5">10h</td></tr>
<tr><td>30%~25%</td><td>60</td><td>9</td><td>9.8</td></tr>
<tr><td>25%~20%</td><td>65</td><td>12</td><td>7.5</td></tr>
<tr><td>20%~15%</td><td>70</td><td>15</td><td>6.4</td></tr>
<tr><td>15% 以下</td><td>80</td><td>20</td><td>4.9</td></tr>
<tr><td>终处理</td><td>85</td><td>5</td><td>11.6</td><td>10h</td></tr>
</table>

橡胶木木材的干燥均采用人工窑干，干燥设备蒸汽加热和炉气间接加热两种窑兼有，燃料为制材板皮。蒸汽窑容量 40~100 立方米 / 窑，炉气窑 20~40 立方米 / 窑，多数叉车装卸。近几年流行的顶风式蒸汽加热干燥窑，每窑装材量 70~80m^3。锯材防腐处理后，气干 1~7 天进窑干燥，以便降低木材含水率，阳光照射能分解木材在生产过程中表面产生的红褐色成分，促使板材色泽洁白、均匀。无论工厂规模大小，均以时间为干燥基准，干燥工艺一般先焖窑 1~2 天，待窑温升至 60~70℃，开始排气，然后逐步升温，最终温度控制在 80~90℃，再停火焖窑 1 天后出窑。主要靠经验控制进排气量和干燥进程，很少通过干湿球温度计检测窑内相对湿度，也不设置含水率检验板和应力检验板。超过 5.5cm 的厚板采用中间调湿处理，而薄板不进行中间处理。一般 2.5cm 厚的板材干燥时间 5~7 天，5cm 厚的锯材干燥 9~12 天。还有一种炉气窑采用了降温干燥的方法，其温度先升至 100℃保持 1~2h 后开始降温并排气干燥，每天温度降低 2℃，待温度为 80~85℃时停止供热焖窑，干燥时间短，板材的干燥质量和外观颜色好。

第四节　橡胶木指接板加工工艺与技术

橡胶木指接板是以锯材为原料经指榫加工、胶合接长制成的板方材，如图 4-10 所示。橡胶木指接板用途十分广泛，可以制作家具中的餐桌、凳椅、床、木门、楼梯、卫浴柜、衣柜等产品。

图 4-10　橡胶木指接板

一、生产流程

1. 刨光、分切、分等、分色、堆垛

（1）刨光

首先要查看橡胶木木料含水率，确认含水率在 16% 以下，之后方可进行锯切、刨光。在拆料或截断时，发现腐朽板材、树皮材、开裂板材、不规则等不符合要求的木料应挑出单独堆放并做好标记。确保双面刨满负荷生产，不能出现双面刨机台待料的现象。刨光、分片、多片锯的尺寸要求规格统一，开裂材、漏刨、宽度和厚度严重负公差料要分选出单独堆放，不允许有不合格品流入下道工序。

（2）分切

为规范分片机、多片锯、双压刨等工序板材规范标准，保证后面工序正常、高效率运行，促使车间整体流程及半成品库数据准确，生产企业要制定符合自身生产流程的堆码标准，并要求员工严格按照标准执行。每堆必须开随工单，填写日期、机台号，每堆里只有允许存放一批物料，材料不够一堆的可以由两个长度相同的码成一堆。

（3）分等

按规格分出 A、B、C 等级，随统一规格、色差批量转到下道工序。同等级别是指同等色差、同等规格。

（4）分色

A 级是指双面全无（无色差、芯材、活结、死结、油囊、蓝变、开裂等），砂光要求板面平整。AB 级是指一面全无，另一面 B 允许有色差、活结、轻微的开裂等缺陷，不允许有脱漏的死结，可以进行修补，砂光要求板面平整。C 级是指允许有色差、芯材、活结、油囊、蓝变、轻微的开裂等缺陷，可以进行修补，砂光要求板面平整。

（5）堆垛

按照上面的级别画线，板材端头结或包括结疤在内离板材的端头 5cm 以内的结疤断截、中间节、大小头料去除。级别选定的时候 A、AB、C 级不允许混料，不允许出现人为物料降级。把分好级别色差的板材统一码垛，不能混码，码垛的时候长短要分开，画线的一面要统一放置在一个方向。

2. 铣齿

测量板材的尺寸，根据尺寸调整好机台刀具，要求调整到指接时无针眼、刀缝、

错台，指接条平直。做到每块板材都进行宽度丈量，分歧尺寸应当马上调整，指接好板材不能出现高低偏差及松紧不密的现象。工作台面时刻保持清洁，铣齿刀端头锯片调到恰好切齐端头即可，不可留长构成浪费。不配套的铣齿刀不能与好刀同时使用，以防出现榫齿的长度及齿形分歧构成的产品质量问题（如针眼、刀缝）。铣齿如有明显的毛刺、刀痕，直接会影响产品质量时，应当时时查找缘由。开好齿后的合格产品注明等级颜色转到下道工序。

3. 涂胶、拼接

齿接部位涂胶时要均匀涂到每个指接内的三分之一处，保证指接质量紧密胶合。之后，进行拼接，拼接送料时要保证画线的面在一个方向，不允许出现接反的情况，指接口要求紧密，不许有针眼、刀缝、严重错齿、错台，指接条要平整通直。接好的长条要求级别分清、色差分清、单独装料车堆放并养生，明确标识规格、等级、颜色等再转入下道工序。

4. 刨平

依照板料的宽度、厚度尺寸进行适当的调机，整体的刀具刨削量需均匀，批量生产之前必须做首件检查，待达到要求后才能进行批量生产。尽最大可能节约木材，减少刨削量。将变形材、开裂材、偏薄等有缺陷的挑出。将双面刨平板材、单面刨平板材、侧面漏刨板材等分开堆放。检查后，合格品转入下道工序，漏刨的进行二次刨平。生产过程中要注意刀具的使用寿命，刀具不锋利时及时进行更换，以保证产品刨平质量。指接板分选合格率要达到 99% 以上，宽狭、厚薄、规格尺寸当严格区分并按指定要求堆放。排板员工应该先确认板材合格后才能进行排板，排板的级别、色差要一致。不允许有级别和色差混拼现象。

5. 拼板

依照指接条的规格尺寸，分清指接板等级，避免不同等级混在一起进行机拼。在涂胶前，若发现指接条有腐朽、树皮材、短小材或指接错位等缺陷，必须挑出进行处理。A 料不允许有 B 料，B 料不允许有 C 料。胶水要调配比例合适，涂刷均匀，端头涂胶要饱满，不得夹有砂粒或木屑等杂质，施胶量以拼板时无少量挤出为宜。胶合面要保持清洁，避免用蜡笔等在胶合面上做记号，同时注意不要使油脂、脏物污染胶合面。待拼指接条应当靠一端平齐，且较好的一面朝外。让平板机紧靠指接条，拼板紧密而平整。锯边时中间要紧贴到位，对未拼好的指接板材，分等级的产品应当单独堆放，每层要用隔条并认真做好产品标识，排板员工首先要对产品等级深刻了解，避免混乱不清。未经允许，不得将等级好的板材拼在等级差的板上，巨细头板材、刀形板材等缺陷板材能截断的截断，不能截断的需经确认后作为废料。刷胶员工按照一定比例配制好胶水，做到随配随用，以减少物料的浪费。涂胶器等用完要及时清理干净。做好排板及机拼工作的衔接，不让机器停机待料，并将拼好的厚度一样的板材堆放在一起。员工要确保机器设施能够正常运行，实时查抄芯板的宽度、长度及表面质量，发现问题马上改正。

6. 锯边、砂光

锯边操作前要检查锯片的锋利程度，锯片锋利程度达不到要求的随即更换，端头应当光滑、年轮轮廓可见。对产品尺寸、角度要进行校对，测量对角线误差在标准规定范围内，机台操作员工应当依照板面的边角调整好角度，边角能够锯到位，不出现缺边现象。产品做好等级标识，轻拿轻放，垫脚应平整、无凸出物。在操作的过程中若发现开裂、短小等缺陷板材，应单独放置。

依照测量板面厚度进行砂光，在砂光前应取几片小板进行测试，第一道砂光板能够均匀砂光到，注意板面厚度均匀状况，板面不均匀时要进行实时调零。

7. 修补、包装

修补的胶泥应当以调稠不调稀的原则，以修补干透后不塌陷作为评判达标的标准。油囊要挖补，边条和端头偏薄或高低不平的都应该修补到位，对于排板不到位构成 0.5cm 以上的空洞部分，应当挑出，单独使用实木修补。修补后两块板之间用两根垫条使板晾干，上下垫条需对齐，陈放至干透方可进行下道工序的操作。一道修补时，用胶泥把指接板所有的缺陷修补平整，包括指接缝、拼板缝、虫蛀、裂缝等缺陷，挖开后用锯末加 502 胶水修补。缺陷大的、烂板的、裂缝大等缺陷的指接板挑出单独堆放。二道修补的，细小裂缝、缺陷、针眼孔等必须用 502 胶水补实。

将生产好的产品进行等级分类，避免等级混乱。打包时要将两个端头包好，并填好产品标签，包括等级、尺寸、产品标准等。

橡胶木指接拼板加工流程如图 4-11 所示。

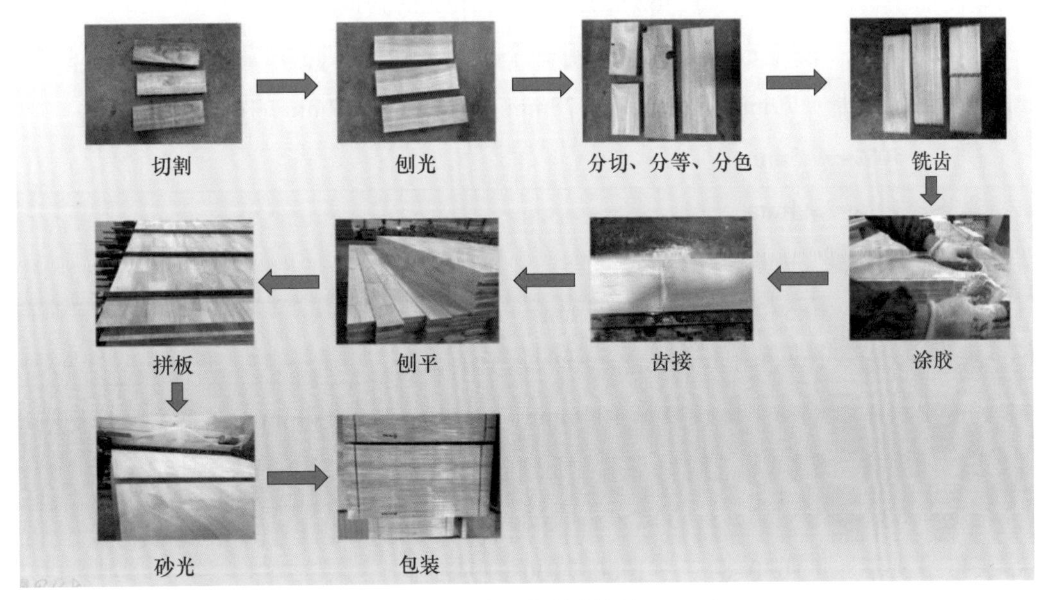

图 4-11 橡胶木指接拼板加工示意

二、生产出材率计算

一般国外橡胶木生产厂商所供应的材料品质参差不齐，国内生产厂家出材率计算方法也不同。即使是同一供应厂商不同批次的材料，其出材率也可能不一样，有时还相差较大。同一生产厂家的不同批次材料，出材率可以相差近 8%。准确地掌握橡胶木的出材率，对生产前的设计、规避风险、实现利润最大化显得十分重要。

1. 出材率的计算

现通过测量其厚度、宽度、长度，从理论上计算其出材率：

下面以毛料厚度在 22~24mm 的 4/8″ × 3″ × 100 的 AB 料为例，生产出拼板的规格和比例为：2440mm × 1220mm × 20mm 占 40%；2440mm × 1220mm × 18mm 占 50%；2440mm × 1220mm × 16mm 占 10% 。

其中，A 级占 75%；B 级占 17%；C 级占 8%

厚度的出材率：

① 20 ÷ 12.7 × 40% ≈ 62.99%

② 18 ÷ 12.7 × 50% ≈ 70.87%

③ 16 ÷ 12.7 × 10% ≈ 12.6%

厚度的出材率① + ② + ③ =62.99%+70.87%+12.6%=146.46%

宽度出材率：设定定宽最大化，用一个毫米一个等级的方案，四面刨刨削量为1mm，宽度比例是：79mm 的占 50%；78mm 的占 30%；77mm 的占 20%。

① 79 × 50%=39.5mm

② 78 × 30%=23.4mm

③ 77 × 20%=15.4mm

① + ② + ③ =39.5+23.4+15.4=78.3mm

宽度出材率 =（78.3–1）÷ 76.2 × 100% ≈ 101.44%

长度出材率：毛料平均长度算 1030mm，开四段，齿刀 4mm。在不用锯疖疤的理想状态，须减去两端切头、来料锯路、打齿前修整、打齿四个方面的损耗。

损耗 =（3 × 2+5 × 2）+3 × 3+3 × 8+4 × 8=81mm

长度出材率 =（1030–81）÷ 1000 × 100%=94.9%

总出材率 = 厚度出材率 × 宽度出材率 × 长度出材率 = 146.46% × 101.44% × 94.9% ≈ 140.99%

2. 出材率的修正

在实际情况中，对长度和宽度的出材率还要做修正。首先，设定的不用锯结疤的这种理想状态是不可能的。锯结疤是为了增加 A 级板的出材率，减少 B、C 级板的出材率。由于结疤生长位置的不确定性，导致各个厂家的锯结疤方案都不一样。尽管同一个厂同一个方案，由于不同的人锯，都有不一样的结果，因此长度的出材率必然不能通过理论计算而得之，必须通过统计去获得。根据经验，AB 料长度出材率一般在 88%~90%，BC 料在 85% 左右，甚至更低。

其次，配板的宽度 1220mm 或 1200mm 限制了定宽的最大化。

79mm 的拼条配 16 条，得宽 1248mm，去裁两边锯路 7mm，剩 21mm 的条；

78mm 的拼条配 16 条，得宽 1232mm，去裁两边锯路 7mm，剩 5mm 的条；

77mm 的拼条配 16.5 条，得宽 1254mm，去裁两边锯路 7mm，剩 27mm 的条。

宽度的出材率应减 3% 左右，修正为 98%。

总出材率修正为 146.46% × 98% × 90% ≈ 129.18%

在生产过程中，实际的出材率是围绕着这个理论出材率上下浮动的。如果实际出材率过分偏离理论出材率，无论是偏高还是偏低，都必须追查统计是否错误、是否造成浪费、生产方案是否有误，最后材料是否偏离了预期。

通过以上的理论计算可以看出提高材料的出材率必须从厚度、宽度、长度三方面着手。在厚度方面，随着近几年技术的提高，绝大多数工厂都能够做到只留 1mm 的砂光余量，极大限度地提高了出材率。有些厂家在厚度方面增加了奇数厚度，比如 19mm、17mm 等，出材率会有所增加，但会降低生产效率，增加生产场地的占用，而且容易造成混乱。在长度方面，由于木材结疤的不确定性，尽量用短一点的齿刀，可对总体出材率贡献 1%。因此在厚度和长度方面很难见效，唯有提高宽度的出材率。

第五节　橡胶木薄木（木皮）加工工艺与技术

薄木（木皮）如图 4-12 所示，是经过刨切或者旋切而成的薄片状材料。薄木有以下几种分类方法：按厚度可分为普通薄木和微薄木，前者厚度在 0.5~0.8mm，后者厚度小于 0.5mm；按制造方法划分可分为旋切薄木、半圆旋切薄木、刨切刨木。按花纹划分可分为径向薄木、弦向薄木；最常见的是按结构形式分类，分为天然薄木、集成薄木和人造薄木。

图 4-12　橡胶木薄木

一、天然薄木

天然薄木经过水热处理后刨切或半圆旋切而成，如图 4-13 所示。它与集成薄木和人造薄木的区别在于木材未经分离和重组加入其他如胶黏剂等成分，是名副其实的天然材料。此外，它对木材的材质要求高。因此，天然薄木的市场价格一般高于其他两种薄木。

图 4-13 天然薄木锯制图

天然薄木的制造过程如图 4-14 所示。

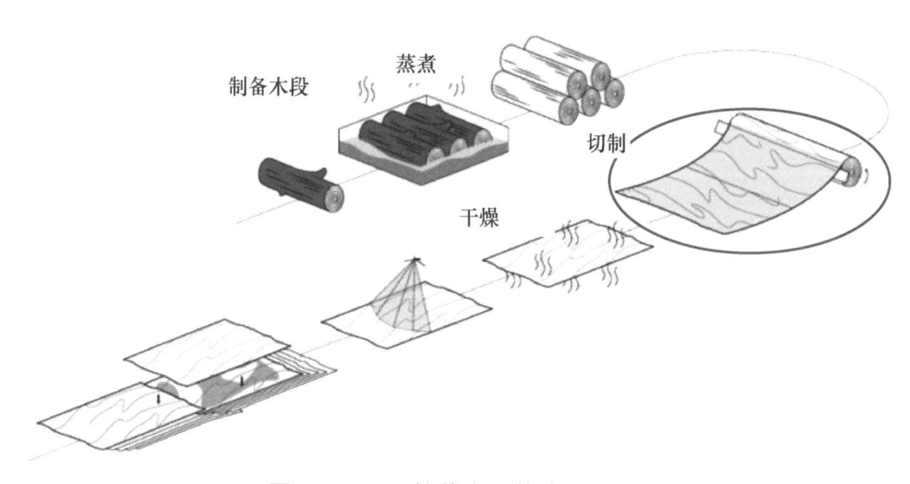

图 4-14 天然薄木工艺流程图

1. 木方和木段的制备

将原木剖成木方，合理剖制木方是取得优质薄木的关键。一般要求多出径切薄木，少出弦切薄木，并且有较高的出材率。木方剖制的图案有多种，应根据原木的具体情况现场确定。木段的制备是指根据刨切薄木的长度将木方截断成所需尺寸。

2. 木方和木段的蒸煮

蒸煮是为了软化木材，增加木材的可塑性和含水率，以减少刨切或旋切时的切削阻力，并除去木材中一部分油脂和单宁等。一般采用水煮方式，蒸煮温度与时间要根据树种、木材硬度及薄木厚度等进行控制。硬度大则温度较高，薄木厚则蒸煮时间长。

3. 切制

刨切薄木在刨切机上进行。将木方固定在夹持板上，刀具固定在刀架上，二者之中有一方做间歇进给运动，另一方做往复运动，从而自木方上刨切下一定厚度的薄木。旋切薄木是在精密旋切机上进行的。旋切所得薄木连续成带状，花纹一般成山水状，在装饰薄木中较少采用旋切制造薄木。

二、集成薄木

集成薄木是将一定花纹要求的木材先加工成规格几何体，然后将这些几何体需要胶合的表面涂胶，按设计要求组合，胶合成集成木方。集成木方再经刨切成集成薄木。集成薄木对木材的质地有一定要求，图案的花色很多，色泽与花纹的变化依赖天然木材，自然真实。大多用于家具部件、木门等局部的装饰，一般幅面不大，但制作精细，图案比较复杂。

集成薄木的制造过程：

（1）单元小木方的加工：按照设计的薄木图案，将木材加工成不同花纹、不同颜色、不同几何尺寸的单元小木方，应保持单元小木方的含水率在纤维饱和点以上，以免小木方产生干缩和变形。一般小木方的加工和拼制集成木方的工序应在高湿度环境中进行，以免水分逸散，不具备此条件时应经常喷水或将小木方浸泡在水中。

（2）小木方配料：根据设计图案的要求将小木方按材色、木纹、材质、几何尺寸等配料。选择纹理通直的木材，交错纹理及扭曲纹理的应避免使用。配好料的小木方先经蒸煮软化，提高其含水率，然后将拼接面刨光，使拼接面缝隙尽可能小。

（3）含水率调整：集成木方的胶拼用胶一般为湿固化型的聚氨酯树脂，该树脂需要吸收水分来固化。因此，小木方的含水率要调整到 20%~40%，太湿的要用抹布抹去一些，过干的要喷水。

（4）组坯与陈放：含水率调整好的小木方即可进行涂胶和组坯。胶合面的单面涂胶量为 250~300g/m^2，根据胶种和环境温度的不同陈放一段时间。

（5）冷压和养护：冷压压力一般为 0.5~1.5MPa，加压时间随胶种和气温的不同而变化。冷压后可立即进行蒸煮，也可浸泡在水中进行养护，使集成木方的含水率保持在 50% 左右。

（6）集成木方刨切：方法与一般的薄木刨切一样。

三、人造薄木

人造薄木是用橡胶木的木材单板经染色、层压和模压后制成木方，再经刨切而成。人造薄木可仿制各种珍贵树种的天然花纹，甚至到以假乱真的地步，当然，也可制出天然木材没有的花纹图案。

人造薄木的制造科技含量较高，从花纹的电脑设计、模具的制作到基材的染色、人造木方的压制等都有较高的技术要求，基本过程简介如下。

①单板旋切：人造薄木的基材为木材旋切的单板，旋切的方法与普通胶合板所用的单板相同。

②单板染色：为模仿珍贵树种的色调或创造天然木材没有的花纹色调，一般单板需进行染色，有时在染色前还需进行脱脂或漂白。染色要求整张、全厚度进行，不能仅为表面染色。单板染色常用酸性染料染色，如酸性嫩黄、酸性红、酸性黑等。染色方法有扩散法、减压注入法、减压加压注入法等。染色后的单板经水冲洗，然后干燥至含水率为 8%~12%，以利于存放。

③人造薄木木方制造：木方制造所用胶黏剂根据胶合工艺不同有多种，但均要求有一定的耐水性，且固化后有一定的柔韧性，以免刨切薄木时损伤刀具。常用的有聚氨酯树脂、环氧树脂、脲醛树脂与乳白胶的混合胶等。单板涂胶后，按设计纹理要求将不同色调的染色单板按一定方式层叠组坯，然后根据花纹设计在不同形状的压模中压制。压力和时间的控制根据胶种、环境温度等条件而定。压制后的毛坯方按要求锯制、刨光成人造木方。木方的两端头用聚氯乙烯薄膜封边，以免刨切成薄木后，薄木的水分从端部散失，造成薄木两端破碎。聚氯乙烯薄膜的增塑剂含量为 25%~40%，采用的胶黏剂为氯丁橡胶胶黏剂。

④人造薄木的刨切：人造木方的刨切与普通天然薄木的刨制方法完全一样，根据木方形状与刨切方向不同，可以得到径面纹理、弦面纹理、半径面纹理及其他天然木

材所不具有的新颖纹理。

第六节 橡胶木胶合板加工工艺与技术

一、单板

在单板加工工段，一般有木段定中心、单板旋切、单板运输以及旋刀的维护和安装等工序。

1. 木段定中心

一般木段带有尖削度和弯曲度。因此，在旋切成圆柱体以前，得到的都是碎单板（单板长度小于木段长度）和窄长单板（板长等于木段长），木段旋成圆柱体以后，再继续旋切，才能获得连续的带状单板，最后剩下的为木芯。带状单板的数量与圆柱体的直径有关。每一根木段，按照它的大小头直径及弯曲度，可以计算出理论上最大的内接圆柱体直径。实际生产中旋切所得圆柱体的直径总是小于木段理论最大内接圆柱体的直径。

定中心是指完成木段回转中心线与最大内接圆柱体中心线相重合的操作，其实质是准确地确定木段在旋切机上的回转中心位置，使获得的圆柱体最大。定中心的方法一般有三种：

①直接在木段的端面定心。这种方法操作简单，主要用在木段直径大、弯曲度和尖削度小、形状比较规则的木段。

②在木段最大内接圆柱体的断面定心。

③利用木段的投影，在最小内封闭曲线上寻找最大内切圆。

正确确定中心对节约木材、提高质量和降低成本具有重要意义。产生碎单板和窄长单板多少一方面是由于木段形状不规则，另一方面是由于定中心和上木不正确产生偏差。若定中心偏差相同，木段直径越小，木材损失率就越高；若定中心和上木不正确，不但损失了较好的边材单板，而且加大了单板干燥、单板修理和胶拼的工作量，浪费了木材，增加了工时，给生产工序的连续化增加了困难。

2. 单板旋切

单板的制造方法有三种：旋切、刨切和锯切。应用最多的方法为旋切，得到的片状材料称为单板，主要用于胶合板生产。

（1）旋切基本原理

木段做定轴回转运动，旋刀做直线进给运动时，旋刀刀刃基本平行于木材纤维，而又垂直于木材纤维长度方向向上的切削，称为旋切。在木段的回转运动和旋刀的进给运动之间，有着严格的运动学关系，使得旋刀从木段上旋切下连续的带状单板。其厚度等于木段回转一圈时刀架的进刀量。为了旋得平整、厚度均匀的带状单板，在旋切时，应保证最佳的切削条件。切削条件是指主要角度参数，切削速度，旋刀的位置，压尺相对旋刀的位置。这些条件根据木材的树种、木段直径、旋切单板厚度、木材水热处理和机床（旋切机）精度等来确定。

（2）影响单板质量的因素

单板质量的好坏关系到胶合板的质量。评定单板质量的指标有：单板厚度偏差（即加工精度）、单板背面裂缝、单板背面光洁度、单板横纹抗拉强度，以前两者为主要影响因素。单板背面裂缝越多、越深，则光洁度越差，抗拉强度也越小。

良好的生产工艺条件是获得优质单板的基础。工艺条件一般指木段热处理温度、含水率、旋切的研磨角及安装位置（刀刃高度、切削角和后角）、压尺的形状、角度和安装位置（压榨百分率、压尺相对于刀刃的水平和垂直距离）、旋刀后角的变化程度等。此外，还应匹配合适精度的旋切机，及时维修和定期保养机床。

3. 单板运输

旋切机的后工序为把有用单板运送到剪板机或干燥机的运送装置。由旋切机到单板干燥有三种不同的加工工艺：一是先剪后干；二是先干后剪（这里主要指连续单板带）；三是木段外部旋成薄单板，封边后卷成卷再去干燥，内部旋成厚单板先剪后干。由于旋切的线速度同剪切的线速度或单板干燥机的线速度不会一致，以及这些工序的劳动组织等原因，在旋切到单板干燥之间会有一个缓冲的贮存，连接成“旋切—缓冲中间库—剪裁—分等或旋切—缓冲中间库—单板干燥—剪裁—分等”流水线。虽然流水线之间有差别，但是其连接方法（缓冲中间库）基本相同。旋切机同后续工序连接的基本方法可分为：带式传送带（可为单层或多层）；单板折叠输送器（单层或双层）；

单板卷筒装置（其动力可为人工或电动机和机械）。

（1）带式传送装置

带式传送装置将单板带直接运送到后工序可以减少单板损失、节省人力、提高劳动生产率。常用于运送厚单板或小径木材旋得的单板带。

（2）卷筒卷板法

这种方法要求卷筒的转速随着旋切过程而变化，以免单板被拉断。卷筒放在开式轴承上，这样便于取下和放上。其动力可用直接带动法，通过摩擦离合器控制转速（或调速电机），也可用皮带传送间接带动。由于该法占地面积少，比较灵活，单板卷的直径可超过 80cm。

二、胶合板

1. 施胶

在人造板生产过程中，将胶黏剂和其他添加剂（如防水剂、固化剂、缓冲剂、填充剂等）施加到构成人造板的基本单元上，称为施胶。

2. 组坯

单板施胶以后，根据胶合板的构成原则、产品厚度和层数组成板坯。胶合板的单板组坯，胶合板面板和背板等级的搭配应符合胶合板标准的规定，芯板的缺陷只要在表板上反映不出来都是允许的。组坯的厚度取决于成品厚度和加压过程中板坯压缩率大小。胶合板组坯分为手工组坯和机械组坯两种，截至 2020 年我国仍以手工组坯为主。

3. 预压

胶合板坯热压前，常通过在冷压机中进行短期加压，使单板基本黏合成整体。可采用无垫板装卸，节省热量消耗，提高压机生产能力。为了适应预压工艺要求，胶黏剂应具有在短时间内黏合的性能。

4. 热压

热压压力、热压时间和热压温度是热压工艺的三要素，实际上，热压过程是板坯状况（如含水率、胶种、板厚、板种等）与三要素的组合。但当产品和设备确定后，主要因素则为板坯含水率、热板温度、板坯单位压力、热压时间和胶的特性。

5. 后期加工与处理

人造板热压后，其物理力学特性已基本形成。为使板材的性能进一步得到巩固和改善，以及基于后续生产工艺的需要，需要对板材进行一系列后期加工与处理，主要包括冷却、裁边、表面加工、理化处理和改性处理等。

第七节　橡胶木刨花板加工工艺与技术

一、刨花制备

在制备刨花前，需要把原木按一定尺寸截断，并去除金属杂物。刨花的尺寸、形态、长度和纤维方向夹角不同均会影响刨花板性能。通常将刨花分为特制刨花和废料刨花。特质刨花是指用专门刨花板生产设备按照要求加工出规定尺寸的刨花，分为宽平刨花、微型刨花、纤维刨花等；废料刨花是指在木工机床上进行各种机加工时产生的废料，分为工厂刨花、颗粒状刨花及木粉等。

刨花制备工艺过程主要有两种形式：一种是直接刨片，即用刨片机直接将原料加工成薄片状刨花，这种刨花可直接做多层结构刨花板芯层原料或做单层结构刨花板原料，也可通过再碎机（如打磨机或研磨机）粉碎成细刨花做表层原料使用。该工艺所得刨花质量好，表面平整，尺寸均匀一致，适用于原木、原木芯、小径级木等大体积规整木材，但由于对原料有一定的要求，生产中有时要与先削后刨的工艺配合使用。另一种工艺是先削片后刨片，即用削片机将原料加工成削片，再用双鼓轮刨片机加工成窄长刨花。其中，粗的可做芯层料，细的可做表层料。必要时可通过打磨机加工增加表层料。该工艺生产效率高，劳动强度低，对原料的适应性强，可用原木、小径级材、枝丫材以及板皮、板条和碎单板等不规整原料，但是刨花质量稍差，刨花厚度不均匀，刨花形态不易控制。

二、刨花干燥

由于刨花形态尺寸小，工艺和设备与单板干燥有很大的不同，后序工艺对物料变形无特殊要求，因此，可以不考虑干燥应力而引起的变形问题，通常使用高温干燥介质，干燥温度高达 350℃。

由于采用高温干燥介质直接与物料接触，因此，热交换效率高，干燥速率快，干燥机生产能力大。

干燥系统中一般配备防火防爆安全控制系统。由于采用的干燥方式和干燥设备不同，刨花干燥过程中的运行状态有的主要借助机械运动，有的做悬浮状气流运动，有的介于二者之间做混合运动。

三、刨花施胶

生产刨花板的主要原材料是枝丫材、原木芯、边材和木材加工剩余物。由于不同原材料加工成的刨花形状不一，要将其组合起来压制成板，必须施加胶黏剂，使刨花相互胶合成板。由于刨花表面积大，需胶黏剂量多，要求均匀施胶。常用的施胶方法分为摩擦法、涂布法和喷雾法三种，施胶方法不同，胶液在刨花表面覆盖情况和均匀程度也不同，从而导致制品胶合强度的差异。

摩擦法是将胶液连续不断地倒入搅动着的刨花中，靠着刨花间的相互摩擦作用将胶液分散开。此法拌胶质量取决于刨花在机内的停留时间，适合于细小刨花的施胶，用高速拌胶机完成。

涂布法是用施胶辊将胶液涂在刨花表面的一种方法，一般适用于高黏度的胶液，其不足之处是刨花易破碎和生产效率低。

喷雾法利用胶黏剂在空气压力（或液压）的作用下，通过喷嘴形成雾状，喷到悬浮状态的刨花上。

四、刨花铺装成型

刨花铺装成型是将施胶刨花铺撒成一定规格、厚度均匀稳定、松散带状板坯的过程。在刨花板生产中，板坯铺装成型是重要的工序，铺装质量直接关系到成品板的质量、产量及成本。铺装工艺要求均匀稳定，板坯密度分布均匀一致，厚度偏差小，使得制品在贮存和使用过程中，不致因外界温度和湿度的影响产生翘曲变形。刨花铺撒量决定于刨花的几何形状、含水率板的密度和厚度。一般板坯的厚度是板厚度的3~4倍。板坯结构对称，其对称层上应刨花规格相同、质量相等，使板制品结构平衡。此外，还应分层施胶、铺装，控制板坯的密度变化。含胶量略多的细料用作表层，而含胶量少的粗料用作芯层，从而使得板面光洁平整。一般芯层原料量占总量的1/2~3/4，上下的两表层各占总量的1/8~1/4。在刨花铺装的过程中，由于工艺和设备的因素，板坯密度易产生变化，特别是在铺装宽度方向上，一般变化范围为≤±10%，因此，必须及时掌握控制，达到铺装工艺要求。

刨花板坯的铺装方法很多，可分为连续式和间歇式。应根据对产品质量、生产规模和设备的条件，选择铺装成型方法。铺装工序一般由计量系统和铺装系统组成。铺装工序有不同程度的机械化，如称量和铺装全用手工；手工称量，机械铺装；称量和铺装完全机械化、自动化。

五、热压

板坯在固定状态受热、受压的方式，称为周期式热压。热压机主要分为单层和多层，年产量高于3万立方米的刨花板企业基本采用多层热压机。

板坯除了可以在固定状态下受热、受压外，还可在运动过程中进行，称为连续式热压。常用的有辊压式和钢带平压式。辊压式主要生产薄型刨花板，产品厚度为1~10mm，刨花板密度一般为0.55~0.75g/cm^3；其特点是板坯成型、预压、预热、热压、冷却等工序运行速度完全同步。钢带平压式可生产范围较大的人造板，分为滚动摩擦型和滑动摩擦型。

第八节　橡胶木地板加工工艺与技术

一、橡胶木实木复合地板

橡胶木实木复合地板是以实木拼板或单板（含重组装饰单板）为面板，以实木拼板、单板或胶合板为芯层或底层，经不同组合层压加工而成的地板。加工流程主要包括贴面、热压、养生、开榫、油漆等环节（图 4-15）。

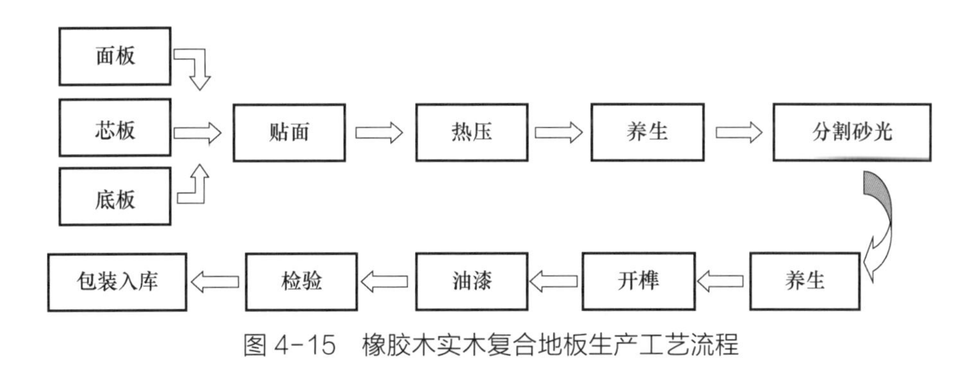

图 4-15 橡胶木实木复合地板生产工艺流程

为了保证每一片地板的质量，正规厂家通常只选薄厚均匀、厚度适中，且无缺陷、无断裂的实木芯板作为地板基材，由专职分选员对地板基材进行挑选。芯板涂胶排板是用专业的涂胶设备进行操作，可以保证涂胶量均匀，提高涂胶工作效率。将 8~10 层涂过胶的薄实木芯板有序地纵横交错分层排列，黏合在一起，可以改变木材纤维原有的伸展方向。正是这一步，彻底改良了实木木材的湿胀干缩的局限性。热压是实木复合地板生产过程中的一道重要工序，它直接关系到地板成品的质量。大的工厂采用的热压设备比较先进，生产管理人员全程监控，因此产品质量比较稳定。橡胶木实木复合地板芯板制造流程如图 4-16 所示。

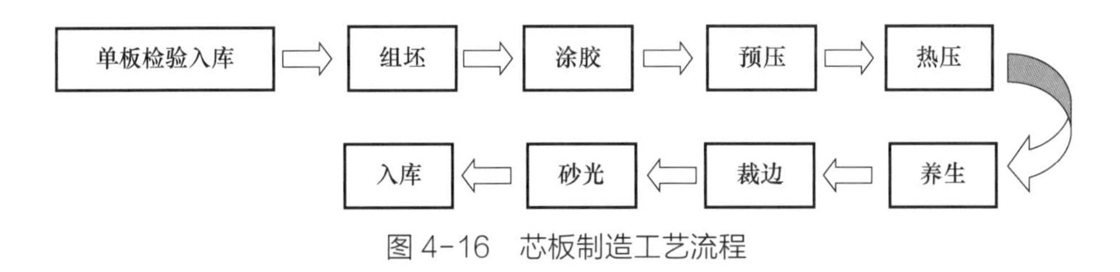

图 4-16 芯板制造工艺流程

多层实木复合地板多用于北方干燥的环境中，因此尺寸的稳定性极为关键。为了防止在干燥的采暖季节出现开裂等现象，实木复合地板面板工艺十分关键，含水率控制极为严格，其制造工艺流程如图 4-17 所示。

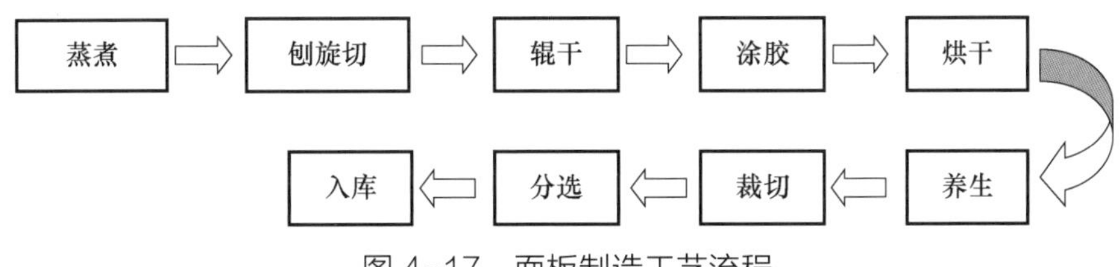

图 4-17 面板制造工艺流程

1. 原材料的准备

在原料进入加工车间之前，必须对新进原料进行检验和分级，挑选出腐朽严重、尺寸不符和带有质量缺陷的不合格原料，然后对合格的原料进行分级存放，并做好防潮、防晒、防火等工作，对于湿度较大的要按照生产规范进行干燥处理，干燥后要放入平衡库平衡调质一周以上再进行深加工处理。这是因为，只有平衡调质时间足够长，才能减小木材内部的应力，增强地板加工前后的稳定性。例如，在我国的东北地区，一般要求芯板含水率在 6%~9%、面板含水率在 6%~8%、底板含水率在 3%~5%，这是地板在热压过程中不变形的重要保证。

2. 三板的制备

（1）面板制备

当面板为独幅时，将面板进行直接裁板、裁边后，等待复合热压即可。当面板为拼接板片时，其制备工艺相对复杂，需要经过毛料准备、刨光、双端锯定长齐头、多片锯剖片、分选、分等、表板拼接、质量检验、码垛等流程，然后才能进行复合热压。

（2）芯板制备

芯板毛料先在厚度方向上经两面刨粗刨光，然后再在宽度方向上经剖分锯剖成芯板条，板条厚度要严格控制公差在 ±0.1mm，铺装后经锯片划出凹槽，再经穿线机穿成芯板帘子。在穿帘子工艺环节，必须严格保证纸绳的粗细度，这样才能保证在穿帘工艺中不被散开，有助于后续工序的更好开展。

（3）底板制备

底板制备的工艺要求相对简单，但必须检查底板的整体情况，对于存在大块缺少等质量问题的底板，需要进行修补，以保证底板的整体性和完整性。

3. 热压复合

热压复合是地板生产的关键工序之一，检测人员要随时观测压出的地板的形态变化，该工序的生产工艺在很大程度上决定了地板加工的质量水平。首先，将底板放在压机前的辊台上，然后对芯板帘子借助胶辊进行两面涂胶，再将芯板、面板依次覆上，即可开展热压工作。在热压过程中，要根据胶黏剂的性能和面板的大小对面板的块数和压机的压力进行相应的调整，为了防止开胶，芯板条之间的连接处不能和板片的横拼缝重合；公榫端的芯板要确保厚度适中、没有缺陷，对于存在缺陷的必须在热压之前进行修补处理或者直接更换。

同时，为了确保面板、芯板、底板之间的结合度，尽量对胶黏剂的性能进行检验，而且施胶的数量和时机要准确，否则不仅可能出现胶疙瘩影响产品质量，而且在无形中增加了地板的加工成本。在后续的加工活动中，则要避免跑锯、甲醛释放量超标、涂胶不均匀、胶合强度不合格等问题，确保无上翘或上拱等质量问题，大板在热压后要养生 3 天以上，这样可以有效规避地板变形等质量问题。

普通压机在压制 4 块宽度 205mm 三拼板或 190mm 独幅板时，具体工艺参数为：热压压力 0.85~1.0MPa，热压温度 95~100℃，热压时间 6min；施胶量 280~320g/m^2（双面涂胶）。

4. 分割砂光

热压后的大板在养生 3 天以上后，要进行分割砂光操作，首先要去除存在于大板工艺缝中的胶粒，避免因此产生的跑锯或损锯等问题。将大板分割成单块地板之后，要将挑出的出现上拱或上翘问题的地板进行单独存放，如果变形无法自行消除，则需要进行后续处理。

通常情况下，地板的上拱是由于面板的含水率较高造成的，地板的上翘是由于底板的含水率较低造成的，因此，对于出现上拱的地板，可以在面板上涂抹水后进行再次热压处理，当温度与时间要低于正常热压温度和时间时，变形问题很容易解决，对于上翘板，主要是将底板用粗砂纸砂掉，重新粘贴底板后进行再次热压。

对于正常的分割板可以直接进入背板砂光机，对底板进行砂光。然后将地板翻过来，表板朝上，进行一遍粗砂，两遍细砂，并安排专业检验员检验半成品，码放。在砂光过程中，要严格控制进料的速度，避免追板以及对砂光机的损伤。

5. 地板的半检处理

在分割砂光工序之后，需要对地板进行半检处理，将存在磕伤、掉茬、缝隙、虫眼、夹皮、凹坑、划伤、大节子等缺陷的板片挑出，然后通过打腻子进行修补；而对于那些裂板、开胶、腐朽、表裂、摔伤以及表板脱节的板片也需要在挑出后单独码放，以便进行截锯处理和修色处理。

6. 地板开榫与油漆

地板开榫是重要工序，在上料时要正确放置地板公榫和母榫的方向，不能出现放反的情况，推板时的速度要平稳，保证开榫后地板不打斜。油漆前，检查板面质量，将有污染、缺陷的板片挑出，将合格板片上料。在上料的过程中，控制好板片的速度并时刻注意弯曲变形板片在辊台上的行进，避免板片追板或同时进入油漆辊而对设备造成损害。此外，在油漆过程中还要控制好干燥时的热量，以便更好地控制地板油漆的固化程度。

7. 成品检验与包装

在涂完表漆之后，还需要对地板进行统一化的成品检验，对于成批出现质量问题的地板，要及时反馈给生产部门和质检人员，及时地查明原因、调整工序；对于出现个别质量问题的地板，要分门别类地做标记并进行后续处理，以便再次生产。对于检验合格的地板，则应当进行规范化的包装和入库，打上详细标签，以备发货。

二、橡胶木实木地板

橡胶木实木地板是天然木材经烘干、加工后形成的地面装饰材料，是用实木直接加工成的地板。用于实木地板的木材树种要求纹理美观，材质软硬适度，尺寸稳定性和加工性都较好。橡胶实木地板的生产工艺流程如图 4-18 所示。

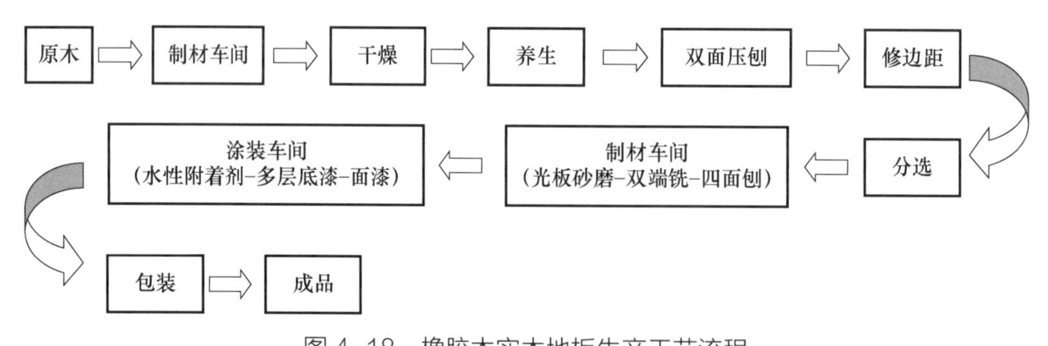

图 4-18 橡胶木实木地板生产工艺流程

1. 初步制材

（1）原木

树木伐倒经造材后形成的原木段，称为原木。原木质量指标一般是指长度、直径、原木本身的缺陷（节子、腐朽、变色、虫眼、夹皮、弯曲、断裂或外伤）等。用于制造地板锯材的原木质量一般要求：原木径级，小头直径 20cm 以上，长度 2~6m；原木缺陷，节子直径≤3cm，无腐朽、变色、虫眼、夹皮，弯曲拱高不超过材长的 2.5%，端裂长度不超过直径的2/3，纵裂长度不超过材长的15%，外伤深度不超过直径的5%。

（2）制材

将原木加工成锯材的过程称为制材，一般包括剖料、剖分、裁边、截断等工序。制材主产品为地板专用锯材，根据地板规格尺寸和木材干缩特性，合理确定加工余量（包括干缩量），地板锯材一般是规格整边板。副产品为不足地板宽度的木条，可加工成指接板。

以锯材地板产品为主的制材，一般有两种下锯法：一种是先锯成规定厚度的板材，然后再锯制板宽；另一种是先锯成规定的板材宽度，然后再锯制板厚。这两种下锯法都能锯成同样的地板锯材，但是制材效率不同。生产地板专用锯材，能做到看材下锯，合理制材，提高锯材等级和出材率，具有锯口小、进料速度快的特点。

以最有效、最经济地将原木锯割成锯材的方法，称为下锯法。按照下锯工艺不同，可分为毛板下锯、三面下锯、四面下锯、弦板下锯和径板下锯等。针对原木材质和产品的特种要求，还有对开下锯法、扇形材下锯法、缺陷原木下锯法，等等。

（3）干燥

实木地板的生产方式，先将原木加工成地板坯半成品，并进行板端蜡封，以防止端裂，然后在地板加工厂进行人工干燥后再加工成成品地板。

人工干燥是确保实木地板质量的重要环节。干燥的目的主要是使木地板形体稳定，使其在以后的使用过程中不再发生收缩、湿胀和变形，同时提高实木地板的加工性能、使用性能和耐久性能。干燥质量的关键是最终含水率必须达到略低于使用环境的平衡含水率。在我国南方为10%~12%，北方为8%~10%，西北地区为6%~8%，而且必须干透，并确保不翘、不裂和干燥应力基本解除。

从干燥类型上划分，可分为自然干燥、强制干燥。而强制干燥又可以分为干燥窑干燥、除湿干燥、炉气干燥、真空干燥等。比较常见的是干燥窑干燥。干燥窑有很多类型，从风机位置上划分，可分为顶风机式、侧风机式；从干燥窑形态上划分，可分为长轴式、短轴式。

（4）养生

木材养生，就是将木材放置于一定的温湿度条件下，使其释放出木材内部的应力，从而达到避免后期木材变形的目的。木材的加工过程一般会有多个养生过程。例如，原木制材前的养生过程，用于释放树木的生长应力；木材干燥后，粗加工前的养生过程，用于释放干燥过程中产生的干燥应力，防止后期变形。

2. 制成素板

（1）粗加工

根据零件尺寸规格和质量要求，将锯材再锯成一定尺寸规格和形状并具有一定质量的木块，称为毛料或毛坯料。毛板的粗加工工序一般为气动截锯、双面压刨、修边锯。

①气动截锯

气动截锯对毛板进行加工的主要目的是截去板材的主要缺陷，如板材端头的腐朽、端裂等。加工方法：先截断后纵解，即根据地板规格尺寸和质量要求先将板材（毛边板）按地板长度规格横截成短板，同时截去开裂、腐朽、死结等不符合技术要求的缺陷部分，再纵向锯解成毛料。采用毛边锯材，可以充分利用木材，同时，先截短板也便于车间内运输。当零件数量、规格较一致时，可以先纵解后截断，即先将板材（毛边锯材）按地板宽度规格纵向锯解，然后再按长度规格横截成毛料，同时除去缺陷部分。

②双面压刨

双面压刨是将毛板的上下板面加工为刨光面，毛料刨削加工时，因为加工缺陷或干缩易引起翘曲，首先要选择一个基准面，作为后续工序加工时的基准。平面或侧面基准面的加工可在平刨或铣床上完成，经过平刨加工后，可以消除毛料的形状误差和锯痕，获得平整光洁的表面。

③修边锯

修边锯是将毛板的左右边加工为刨光面。由于双面压刨只完成了上下板面的刨削加工，因此，为了下道工序的加工基准，修边锯就是为了将两侧刨光、刨平，使板侧平整光洁。

（2）光板分选

为了提高素板车间的生产速度和成材率，在素板加工前进行光板分选工作。

①缺陷光板的挑选

对有缺陷的板材提前挑出并予以分类，便于统一安排特定的工艺进行生产。

②颜色预选

对于光板颜色差异比较大的材种，对光板按颜色进行分类，有利于后期涂装工序分类加色或修色，提高产品的色调统一和产品色差。

③尺寸不足光板的挑选

如果加工余量不足，极易产生后期下线。光板分选工序可提前挑出尺寸不足的板材，有计划地进行相应工艺的安排，有利于板材的综合利用。

（3）素板

素板车间主要是给板材做纵、横向的开槽，地板槽从种类上可划分为两类：一是企口，二是锁扣。锁扣和企口相比较，它的优势在于安装方便，不需要在龙骨上打钉。从形式上可划分为单槽和双槽两种，双槽和单槽相比较，它的优势在于原材料的节省。

素板加工段通用加工工艺为：四面刨开纵向榫、槽→双端铣开横向榫、槽→砂光。

素板车间第一道工序是坯料开基准面，又因大多数进口刨光材在加工过程中常有崩边、起毛等缺陷，故对生产工艺做必要的调整，调整后工艺为：正面砂光→双端铣开横向榫、槽→面刨开纵向榫、槽。

正面砂光的缺点在于：能耗高，磨削量大，产生的粉尘量大，磨削时的发热量大，如板面有金属杂物时经磨砂时会产生火花，容易引起火灾。

砂光：板坯正面砂光是以砂带、砂纸等磨具代替刀具对板材进行加工，使工件达到一定厚度和表面光洁度；其另一作用是将磨砂面作为进一步加工的基准面。

3. 涂装地板

实木地板常用的涂料有多种，包括硝基涂料、聚酯树脂（PE）涂料、聚氨酯（PU）涂料和紫外光固化（UV）涂料等。

基本工序为：板面修补→浸防裂油→槽榫上色封闭→砂光→补腻子→UV 固化→砂光→上附着底油→干燥固化→上封闭底漆→干燥固化→上底漆→UV 固化→砂光→上底漆→UV 固化→砂光→上底漆→UV 固化→砂光→上底色→UV 固化→上底漆→UV 固化→砂光→涂背漆→UV 固化→滚面漆→淋漆→UV 固化→上高性能面漆→UV 固化→分色分等→喷码→包装→按照标准抽检→合格品→出厂。该过程耗时 3~5 天。

（1）UV 紫外光固化

紫外光固化涂料属于辐射固化涂料的一种，是环保节能涂料。它在受紫外光照射后发生化学反应，产生聚合、交联，使液态涂层瞬时变成固态涂层。紫外光固化工艺流程如图 4-19 所示。

（2）PU 聚氨酯涂饰

聚氨酯（PU）是为地板涂饰油漆的一道工序。其中，包括从素板来料到成品包装等多道工艺，流程为：素板磨砂→底漆涂装→面漆涂装→成品包装，如图 4-20 所示。

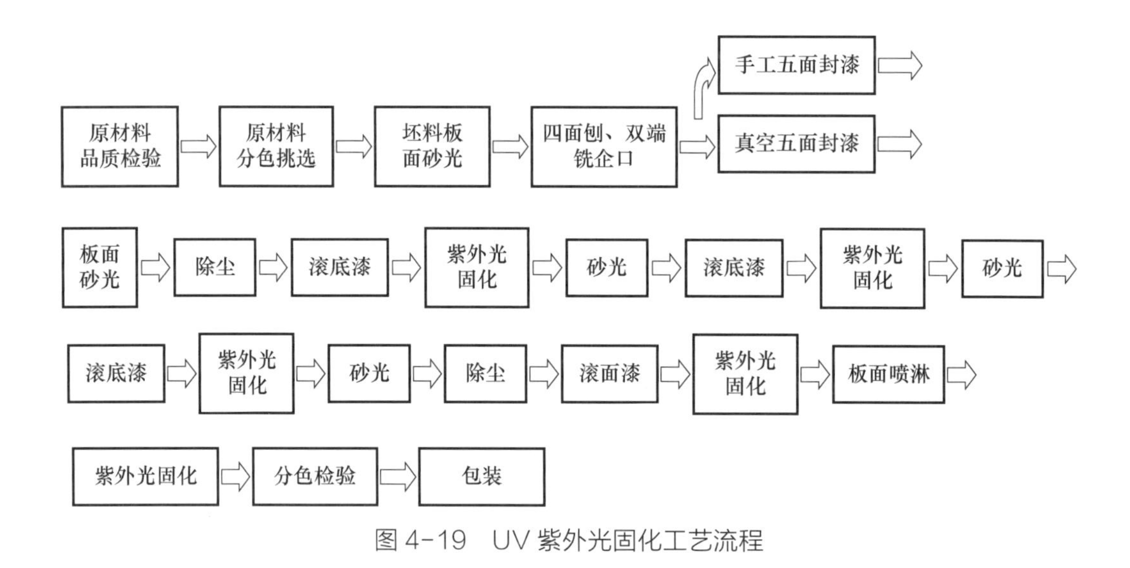

图 4-19 UV 紫外光固化工艺流程

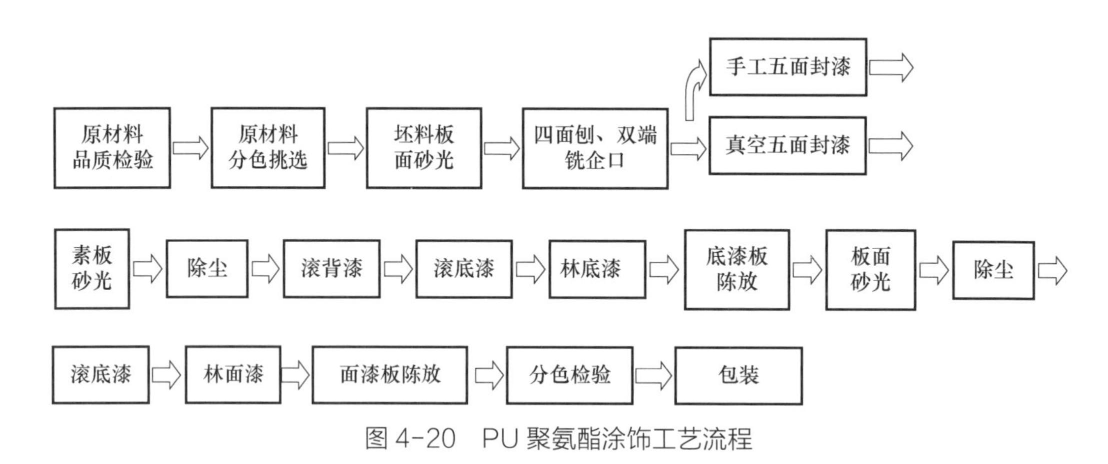

图 4-20 PU 聚氨酯涂饰工艺流程

第九节 橡胶木家具加工工艺与技术

橡胶木实木家具的所有用料都是实木，包括桌面、椅子、衣柜的门板、侧板等均采用实木制成，不使用其他任何形式的人造板。橡胶木纯实木家具对工艺及材质要求很高。实木的选材、烘干、指接、拼缝等要求都很严格，每道工序严格把关，以避免发生开裂、接合处松动等现象，或整套家具变形，导致无法使用。橡胶木实木桌面、椅子生产流程如图 4-21、图 4-22 所示。

橡胶木指接板 → 截断（台锯）→ 铣边（铣床）→ 钻孔（排钻）→ 砂光（砂光机）→ 涂饰 → 装件（工作台）→ 检验（工作台）→ 包装（包装台）→ 餐桌

图 4-21 指接材桌面生产流程

橡胶木订制材 → 四面刨光（四面刨床）→ 截断（斜截）（台锯）→ 开榫头（榫头机）→ 铣倒角（立铣）→ 椭圆铣眼（榫眼机）→ 圆眼（榫眼机）→ 砂光（砂光机）→ 检验（工作台）→ 望板

图 4-22 橡胶木椅子生产流程

一、锯材的配料

配料是指按照零件的尺寸、规格和质量要求，将锯材锯剖成各种规格的方材毛料的加工过程。配料的主要内容包括：合理选料，控制含水率，确定加工余量和确定配料工艺。

1. 合理选料

①按产品的质量要求合理选料；
②按零部件在产品中所在的部位来选料；
③根据零部件在木制品中的受力和强度来选料；
④根据零部件采用的涂饰工艺来选料；
⑤根据胶合和胶拼的零部件来选料。

2. 控制含水率

选料→干燥→采用人工干燥→终了处理→消除内应力。干燥后含水率适应使用地的相对湿度及木材的平衡含水率。

二、配料工艺

1. 配料方式

①单一配料法：在同一锯材上，配制出一种规格的方材毛料；
②综合配料法：在同一锯材上，配制出两种以上规格的方材毛料。

2. 配料后的产品

①由锯材直接下出方材毛料；
②由锯材配出宽度上相等，厚度是倍数的方材毛料；
③由锯材配出厚度上相等，宽度是倍数的方材毛料；
④由锯材配出宽度、厚度上相等，长度是倍数的方材毛料。

3. 工艺特点

（1）先横截后纵剖的配料工艺特点
①适合生产锯材较长和尖削度较大的锯材；

②长材不短用、长短搭配和减少车间的运输等；

③去掉锯材的一些缺陷，一些有用的锯材也被锯掉，出材率较低。

（2）先纵剖再横截的配料工艺特点

①适合大批量生产的和宽度较大的锯材；

②有效地去掉锯材的一些缺陷，有用的锯材被锯掉的少，提高木材利用率；

③锯材长，车间的面积占用较大，运输不便。

（3）先画线再锯截的配料工艺特点

①套裁下料，提高木材的利用率；

②曲线型零部件的加工。

（4）先粗刨后锯截的配料工艺特点

①适合暴露木材的缺陷，配制较高的方材毛料时使用；

②粗刨后应采用不同的锯截方案。

三、加工余量

加工余量是指将毛料加工成形状、尺寸和表面质量等方面符合设计要求的零件时，所切去的一部分材料。加工余量大意味着走刀多，生产率低，会导致原材料总损失大。加工余量主要有工序余量和总余量两种类型。工序余量是指为了消除上道工序所造成的形状和尺寸误差，而从零部件的表面切去的一部分材料；总余量是各个工序余量的总和。

1. 加工余量的影响因素

（1）尺寸偏差

尺寸偏差包括：

①锯材配料时毛料的尺寸偏差；

②部件装配时的装配精度、装配条件等造成的间隙加大的偏差。

（2）形状误差

形状误差主要表现为：

①相对面不平行；

②相邻面不垂直；

③表面不成平面（凹面、凸面、扭曲面）。

（3）表面粗糙度误差

锯切时微观不平度平均为 0.8mm，刨铣时微观不平度平均为 0.3mm。

（4）安装误差

安装误差是零部件在加工和定位时产生的，定位基准和测量基准不相符合。

（5）最小材料层

由于加工条件的限制和生产设备的类型不同，必须多切去一层材料。

2. 确定加工余量时考虑的因素

①容易翘曲的木材；
②干燥质量不太好的木材；
③对加工精度和表面光洁度要求较高的零部件。

四、毛料出材率

毛料出材率是指毛料材积与锯成毛料所耗用的锯材之比的百分率。

1. 提高毛料出材率的措施

①采用画线套裁及粗刨加工；
②尽量采用修补缺陷的方法；
③不要过分地剔除缺陷；
④配出倍数毛料，采用综合配料法；
⑤采用短接长、长拼宽，适合大规格毛料的需要。

2. 毛料加工工艺

锯材经配料工艺制成了规格的方材毛料，这只是一个粗加工阶段，此时方材毛料还存在尺寸误差、形状误差、表面粗糙不平、没有基准面等问题。

平直面的大面和小面以及小曲面的侧平直面加工基准面时，主要使用的设备是平刨床。曲面的大面（凹面）加工基准面时主要使用的设备是铣床。铣床是一种多功能木材切削加工设备，在铣床上可以完成各种类型的加工，如直线形的平面、直线形的型面、曲线形的平面、曲线形的型面等铣削加工，此外，还可以进行开榫、裁口等加工。铣床的这些加工功能有些属于方材毛料的加工，有些属于方材净料的加工。

3. 方材的净料加工工艺

方材净料加工主要包括榫头、榫眼、铣型面和曲面、表面修整。

（1）榫头加工工艺

①控制两榫间距离和榫颊与榫肩之间的角度；

②两端开榫头时，应使用同一表面作基准；

③安放零部件时，基准面之间不能有杂物。

（2）榫槽、榫簧加工工艺

正确选择基准面，确保加工精度，保证靠尺、刃具及工作台之间的相对位置准确。

（3）榫眼的加工工艺

①直角榫眼的加工：钻床上加工；链式榫眼机上加工；在立铣上加工。

②椭圆榫眼加工：在钻床上加工；在镂铣机上加工；椭圆榫榫眼机。

③圆眼的加工：单侧锯、铣、钻组合机加工；双侧锯、铣、钻组合机加工；多头钻加工。

（4）型面和曲面的加工

直线形型面是指断面的轮廓线为曲线，切削轨迹为直线的零部件；曲型面是指断面的轮廓为曲线或直线，切削轨迹为曲线的零部件。

靠模铣床加工的直、曲线型面：

①卧式使用模铣床加工；

②立式使用模铣床加工；

③回转工作台式靠模铣床（圆盘式靠模铣床）：轻型圆盘式靠模铣床、圆盘式靠模铣床；

④双端铣。

（5）回转体型面的加工

回转体型面是以加工基准为中心线的零部件，其特征为截面是圆形或圆形开槽。

（6）表面修整加工

表面修整加工的目的是除去零部件表面的残留物、加工搬运过程中的污染（灰尘和油渍）及刃具痕迹产生的凹凸不平、撕裂、毛刺、压痕。表面修整加工方法主要为砂光，即木材切削加工，粒度号主要是 800、400、200、120、100、80、60、40 等。砂光机的类型一般包括盘式砂光机、辊式砂光机和带式砂光机等。

第十节　橡胶木木门加工工艺与技术

橡胶木木门一般为实木复合门，用橡胶木集成材实木做框、两面用装饰面板黏合，门扇内部也可填充保温、阻燃等材料，经加工制成。这种门的质量轻、性价比高，装饰效果很好，面板一般为橡胶木薄集成材或其他人造板，面板造型款式丰富，保温、隔音效果同实木门基本相同。橡胶木木门生产流程如图 4-23 所示。

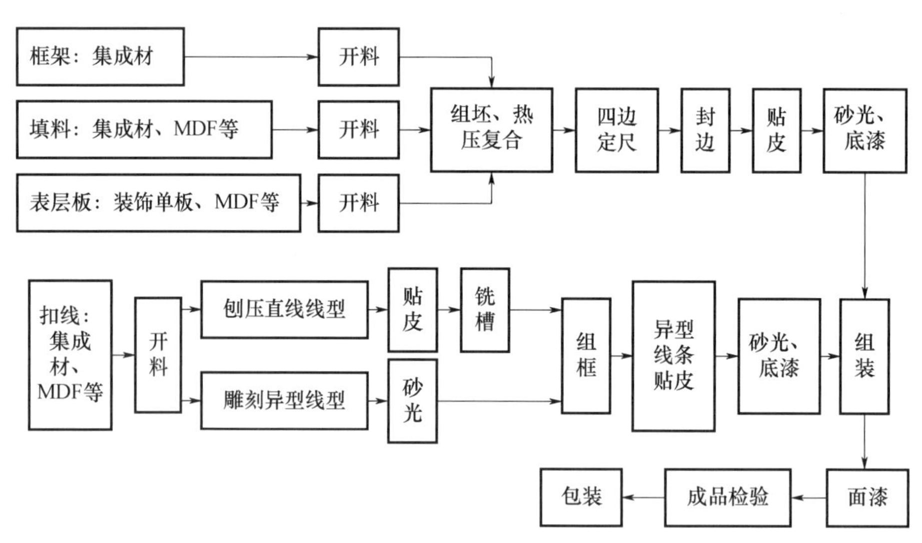

图 4-23　橡胶木木门生产流程

下面介绍橡胶木门生产流程要点。

1. 木门下料

在进行原料粗裁时，长宽可以稍微大于 10mm；如组合下料，应当注明材质，标明何种门型组合。

2. 木门组框

门框四角需方正，内外框宽度规格按要求制作，长宽都可以稍微加大，加锁木，也可用锁盒。骨架做防变形处理后，应上压机压平。

3. 木门热压工艺标准

放需热压的工件前，将热压板和工件清理干净，确认没有任何杂质，设定好热压温度及压力，将工件慢慢放入。放入的工件要排列有序，使各部位受力均匀。热压尽可能放满所有位置，而且要保证每层板材的厚度和每层的覆面材料相同，覆面材料不能重叠，若不能放满，应用工件等厚的备用垫板填充。为防止胶干，每次上料应在两分钟内完成，确定无误和安全的情况下，再开动机器。加压后的工件表面要平整、光洁，手摸无凹凸、颗粒感。拼花应对齐。覆面后，木门不得脱胶、透胶、层叠离芯、划伤、压痕、碰块、错位、油污，颜色应基本一致。

4. 木门冷压工艺标准

冷压时间应根据气温而定，保证胶层固化，胶合牢固。加压后，试件表面要平整、光洁，手摸无凹凸、颗粒感。

5. 木门齐边精裁

裁料误差不超过 0.2mm 切割标准，放入工件前，应将压板和工件清理干净，放入的工件不得错位，上下与芯板对齐，不得崩碴。门扇两边应倾斜 2°，其余均应锯成直边，不得划伤、碰缺。

6. 铣门芯板

铣门芯板时，走料用力均匀，没有崩碴，外表平滑、圆顺。按比例铣削，尺寸准确，不得崩碴。

7. 木门贴皮

在贴皮时，必须第一遍干燥后再刷第二遍，贴完后，不得有离缝、脱胶、鼓泡、木皮炸裂等现象。

8. 木门试装

门饰线接角严密，不得离缝；门扇与门套紧密贴合，平整，不得离缝；门扇不得有间隙晃动。

9. 木门油漆

打磨前，需对白坯进行检查，对于脱胶、鼓泡、划伤、碰缺产品不加工；白坯需打磨光滑、钉眼、缝隙需填实；底漆需喷均匀，并检查有无脱胶、鼓泡，待干燥后打磨；喷面漆时不得有颗粒、流挂、起皮，光泽应符合客户要求。

10. 木门包装入库

认真检查门扇门套是否配套齐全，质量是否合格，不合格品一律不得打包出厂，严禁错色、漏色，对产品要轻拿轻放；包装前，应除去工作表面的胶痕和杂质，并用包装膜包好，用瓦楞纸保护四个门角；贴上标签，入库后填写入库单。

第十一节　橡胶木卫浴柜加工工艺与技术

橡胶木卫浴柜是我们洗手间经常用到的家具，在我们的生活中有很大用处，它方便了我们的梳妆和整理自己的形象，是我们与外界更好沟通、营造良好形象的好助手。它美观大方，生产工艺很复杂。具体工艺流程如图 4-24 所示，划分为挑、切、钻、拼、抛、漆、装七个方面。

下面介绍橡胶木卫浴柜生产流程及要点。

1. 挑选

用肉眼观察木材的颜色、树龄，根据该批卫浴柜的制作数量，针对不同的使用部位挑选合适的材料，一般外观整齐、色泽美观一致的用来制作柜体的表面部分，稍有一些瑕疵和节点的都要用特殊工艺处理后（如节点部分要使用专业填补材料填充之后才可以用于浴室柜的制作）用于柜体的背面或其他不明显的部分；如果发现有变质、变形或虫蛀的状况则舍弃不用，以保证卫浴柜的品质一贯性。

2. 切（开料）

按照专业的制作作业书（定制产品按照专门绘制的图纸），根据特定模具，把不同部位的所需用材开料成不同尺寸。

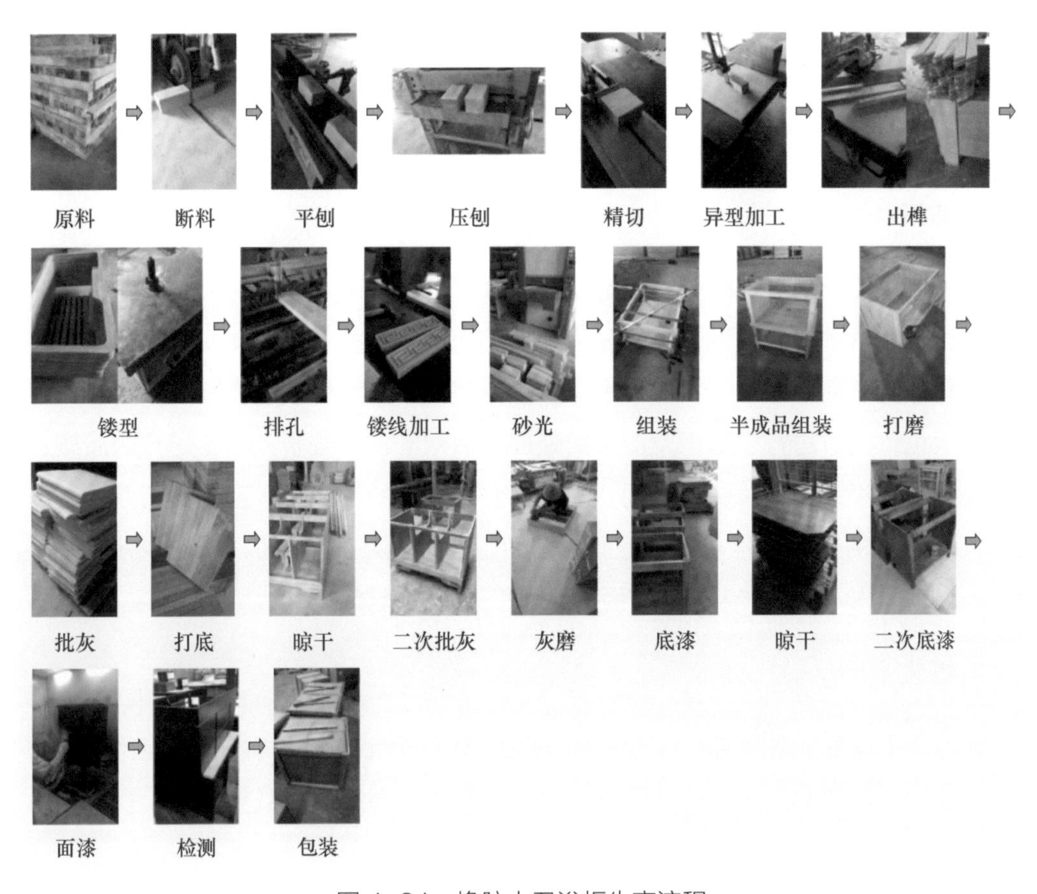

图 4-24 橡胶木卫浴柜生产流程

3. 预钻结构安装孔

使用专业精密的台钻等多种专业工具对木料预钻结构安装孔，此工序经过专业设计，确保在安装好的卫浴柜表面看不到任何安装孔。

4. 拼接

进口的原材料一般为左右的木条，要制作卫浴柜的侧板、门板、底板、柜体等部分就一定要经过“拼”的工序，拼接是一道比较讲究工艺和制作精度的工序。同时，在拼的过程中，较大表面如底板会有专业工程师根据受力面积和膨胀收缩系数来计算并开槽，防止在以后的使用当中柜体发生形变。

5. 抛光

对拼好后的柜板及柜体部件用专业的抛光机进行多次抛光，抛光机有平面抛光机、异型抛光机、球面抛光机、不规则抛光机和手动抛光机，用来对不同形状的木料进行处理，抛光机器中同时有初抛和细抛的专门分类，使用的抛光轮 / 带有粗细和材质的区别。

6. 油漆

采用专业的聚酯漆，确保在使用要求上做到防虫、防水；独特大方的颜色是在市场上保持高档次的一大关键。其中分为底漆和面漆，一共需要刷 4 次，底漆的作用是密闭木材毛孔、固定颜色、去除细小木刺；待底漆干后才可以进行面漆，面漆最终表现柜子颜色，同时进行了防水及防虫的处理。油漆的需时较长，为了切身的品质，不能简化油漆的程序来缩短制作时间，因而一套卫浴柜的油漆过程都在 3 天以上。油漆的车间有严格的操作流程，尤其是面漆车间，因为上好面漆干燥之后就要进行组装，所以要求车间内不能有灰尘，所有面漆车间工人都必须佩戴口罩。

7. 组装

将油漆干燥好的各个部件在专业的安装台上进行组装，并再次检查柜体是否存在尺寸、安装、油漆的问题，组装结束后用保鲜膜裹好装箱并在纸箱外用大规格木条箱固定。

第十二节　其他橡胶木制品加工工艺与技术

一、单板层集材加工工艺与技术

单板层积材（laminated veneer lumber，LVL）是用旋切的厚单板经施胶、顺纹组坯、施压胶合而得到的一种人造板，分为非结构用单板层积材（non-structural laminated veneer lumber）和结构用单板层积材（structural laminated veneer lumber，SLVL）。单板层积材可以利用小径材、弯曲材、短原木生产，出材率在 60%~70%，提高了木材利用率。由于单板（一般厚度为 2~12mm，常用 2~4mm）可纵向接长或横向拼宽，因此可以生产长材、宽材及厚材，可实现连续化生产。由于采用单板拼接和层积胶合，可以去掉缺陷或分散错开，使得强度均匀、尺寸稳定性好、材质优良，以便进行防腐、防火、防虫等处理。LVL 可作为板材或方材使用，使用时可垂直于胶层受力或平行于胶层受力。主要用于家具的台面板、框架料和结构材、建筑楼梯板、楼梯扶手、门窗框料、地板材、屋架结构材以及内装材、车厢底板、集装箱底板、乐器及运动器材等。

橡胶木单板厚度、表面质量、单板接长的方式、部位和胶种对单板层积材的性质影响较大。马来西亚研究者用 25 年生的橡胶木制造单板层积材，橡胶木平均直径 24cm，旋切单板厚 3.6mm，用 MUF、PF、UF 胶种，在胶合板压机上压制幅面 122cm × 244cm，15 层的单板层积材，工艺参数：压力 0.1MPa，温度分别为 125℃（MUF）；120℃（PF）；110℃（UF）；热压时间为 50min。测试结果显示，单板层积材剪切强度比同树种无疵材下降 50%，弹性模量（MOE）增加 25%；静曲强度（MOR）下降了 30%；变异系数则较小，说明单板层积材具有均匀的性质，变异小。此项研究指出树种和胶黏剂种类对单板层积材性质影响较大，密度小、变异大的树种最宜用作单板层积材材料，可提高材料的均匀性。

单板层积材强度变异系数小、均一，因而它的许用应力值较高。而成材做木结构时，由于其力学性质变异系数大（37%），虽然平均值最具有代表性，但是如不考虑尚有低于平均值的部分试样，不能保证结构的安全，因此设计采用的下限值低，结果强度高的木材也只能当低强度材使用，浪费材料。简支梁在垂直力的作用下，弯曲横梁凸面产生顺纹拉应力，而凹面产生顺纹压应力，压应力和拉应力的大小与中性层的距离成正比。由于木材是各向异性材料，随着荷载的增加，中性层逐渐下移，直至受拉面发生破坏为止，因此在制造复合材时，表板应选用优质材，将刚度高的单板用于单板层积材梁外表面，可使梁的刚度提高 1/3，许用弯曲应力增加 1/3。单板层积材的 MOR 小于同种木材，主要是由于表层单板有裂隙，其表面质量劣于同种木材。MOE 的增加，主要是因为单板层积材的密度较同树种木材高。

二、其他改性材加工工艺与技术

1. 浸渍加压法

使用化学改性剂或生物质改性剂，利用罐体加压法，使得这些改性剂填充于橡胶木细胞壁内，从而增强橡胶木相关性能。材料应用领域：室内实木地板、乐器等。

2. 压缩法

利用高压设备压缩、密实橡胶木，使得木材具有更高密度和高强度的性能。材料应用领域：室外地板、家具。

3. 木塑法

橡胶木木粉通过与塑料原料的混合，再经过挤压、模压、注塑成型等工艺生产出来的具备塑料和木材双重优点的材料。材料应用领域：室内装饰板、户外地板、家具。

4. 碳化法

橡胶木在无水、高温、不需任何药剂辅助的情况下，经过表面或深度处理后具有棕色美观效果、防腐及抗生物侵袭等性能的木材。材料应用领域：卫浴家居、户外景观等。

第五章

橡胶木的应用与消费

随着消费者需求的不断变化，我国橡胶木及其制品应用范围不断扩大。从最初以实木家具为主，到目前实木家具、木门、卫浴柜、地板、楼梯扶手、木线条、工艺品、改性木、定制家居、墙板、户外景观材、木结构等多种产品，橡胶木及其制品应用范围的扩大带来了其需求的增长和产品结构的优化。

第一节　橡胶木实木家具的应用与消费

人们对实木家具的需求已经逐渐从注重外观上升到了注重材质的层面，更多的新产品是以原创的设计和优质的原材料制胜。橡胶木是出自天然的材料，纹理清晰，材质较硬，结构粗，易加工，涂装、胶合性好，因此，橡胶木实木家具外观给人一种干净、清新的舒适感觉，受到许多消费者的青睐。橡胶木实木家具按照用途可分为桌类、椅凳类、柜类、床类等，如图 5-1 所示。

图 5-1　传统橡胶木家具示例

一、橡胶木家具选购要点

柜类、桌台类家具的主要部件通常包括面板（桌面板、台面板、门面板、抽屉面板等）、顶板、底板、框架、旁板等；椅凳类家具通常包括座面、扶手、靠背、脚架、踏脚板等；床类家具通常包括床屏（高屏、低屏）、床梃等。购买橡胶木实木家具要注意以下几点。

1. 橡胶木实木家具木材的含水率和产地

国内各地区的气候对木材含水率是有影响的。国家标准规定，用于木家具的木材需经过干燥处理，含水率应为 8% 至产品所在地区年平均木材平衡含水率 ±1% 的数值之间，否则木材由于干缩湿胀，易造成榫卯分离、家具散架，还会引起翘曲变形。因此，要选购干燥处理工艺较好的家具，注意橡胶木家具的含水率与产地。

2. 判断家具是否真材实料

观察家具表面的木纹和疤结，这是业内人士鉴别产品用材是否为整块实木的方法之一。如柜类门板，外表面看上去是一种花纹，那么对应这个花纹变化的位置，观察柜门背面的花纹，如果对应较好，则说明为橡胶木实木柜门。结疤观察方法类似。此外，橡胶木家具以指接材为主，通过观察指接纹路也可判断家具是否真材实料。

3. 观察家具木质有无缺陷

国家标准《木家具通用技术条件》（GB/T 3324—2017）规定，家具的木制件外观应无贯通裂缝，无虫蛀现象，外表无腐朽材，内表轻微腐朽面积不超过零件面积的 20%，外表和存放物品部位用材无树脂囊，外表节子宽度不超过材宽的 1/3，直径不超过 12mm，对于死节、孔洞、夹皮、树脂道、树胶道等缺陷应进行补修加工，修补后缺陷数外表不超过 4 个，内表不超过 6 个。橡胶木家具的主要受力部位如立柱、连接立柱之间靠近地面的承重横条，不应有大的节疤或裂纹、裂痕。结构应牢固，框架不得松动，不允许断榫、断料。

4. 检查家具的漆膜质量

检查家具的漆膜外观是否符合以下要求：同色部件的色泽相似，无褪色、掉色现象，涂层光滑平整、清晰，无明显粒子、胀边现象，无皱皮、发黏或漏漆，无明显加工痕迹、划痕、裂纹、雾光、白棱、白点、鼓泡、油白、流挂、缩孔、刷毛、积粉和杂渣，每项缺陷不超过 4 处。

5. 检查家具的安全性能

国家标准中对于家具的安全性要求：抽屉、键盘、拉篮等推拉构件应有防脱落装置；折叠产品应无非预期的自动折叠现象；垂直运行部件在高于闭合点 50mm 的任意位置，不应自行下落。观察有无抽屉或门框倾斜现象，有无榫头眼位歪扭或眼孔过大、榫头不严等工艺水平低造成的部位歪斜。当把两个柜门打开 90° 后，用手向前轻拉，柜体不能自动向前倾翻；柜门的玻璃要经磨边处理；穿衣镜和梳妆台要安装后背板，压条应把玻璃面固定。家具的腿脚、抽屉、柜门或支架等部位必须有足够的承托力。可通过轻推家具的上角或坐在一边，测试家具是否牢固和稳固。

6. 家具其他部件及配件的质量要求

五金件要求无锈蚀、毛刺、露底，表面光滑平整、均匀一致，焊接部位应牢固，焊缝均匀；玻璃件外露周边应磨边处理，安装牢固，玻璃光洁平滑，无裂纹、划伤、沙粒、疙瘩和麻点等缺陷。软包件要求包覆的面料拼接对称图案应完整，同一部位绒面料的绒毛方向一致，无明显色差，无划痕、色污、油污、起毛、起球；软面包覆表面应平服饱满、松紧均匀，无明显皱褶；有对称工艺性皱褶时应匀称、层次分明；软面嵌线应圆滑挺直，圆角处对称，无明显浮线、跳针或外露线头；外露泡钉应排列整齐，间距基本相等，无明显敲扁或脱漆。

二、橡胶木家具工艺要求

家具的工艺要求项目较多，主要包括榫卯、五金、胶合、涂装等，见表 5-1。

表 5-1 橡胶木实木家具工艺要求

项目	要求
榫卯	高强度承受力量的框架需要用榫卯
五金	良好的五金应用，适应电商时代、迁徙便利与物流环保节约
胶合	品牌好的胶水，可以达到分子层级的现代环保黏合效果
涂装	木蜡油是木质精油和蜂蜡混合出来的开放式涂装剂，比较环保，但是空气中的水容易进入，导致木材变形和开裂。硝基漆是化学制剂，挥发稳定，由于是封闭式喷漆，对防止木材污损非常有效

续表

项目	要求
拼板密合	拼板不应该有任何的缝隙存在
连接紧密	每一个部件之间连接必须非常紧密，不能有松动
精度误差	一家工厂生产的家具精度误差最多不能超过 2.5mm
手感舒适	涂装和表面打磨需要手感舒适

三、橡胶木家具保养

1. 防潮、防开裂

实木家具建议夏秋季节购买，在家居空间内摆放要远离暖气片和空调风口（建议距离 150cm 以上）。空气保持湿润，最佳湿度范围是 30%~50%，橡胶木会表现出非常好的质感。橡胶木表面应避免长时间浸水、浸油等。夏季或南方的梅雨季节，避免家具临窗摆放，以减少潮气侵袭；要正确使用家具的踮脚，让家具与地面隔离，这样既能防止家具吸收地面的湿气，也能防止家具在移动过程中出现磨损。在清理家具时，避免用湿布擦拭家具，有条件的，还应该在空气湿度大的季节，有选择性地对家具进行烫蜡保养，以隔绝空气中的湿气进入家具，避免受潮。冬季保湿，家具不再需要除湿，相反，还需要在保湿、防风上下功夫。空气加湿器可以适当使用。同时，要避免将家具暴露在阳光下或者风口处，空调和电暖气的出风口，都不适合摆放家具，过度的阳光照射会损害实木家具，将家具置放在风口，则容易使家具发生开裂。

2. 防虫

保持家具干燥，不要将家具置放在潮湿的地方，这样能有效防止蛀虫的出现。如果万一发现家具出现蛀虫，推荐使用风力强劲、马力足的风筒吹发现蛀虫的位置，致使该位置温度上升，起到杀虫作用，或考虑杀虫剂灭虫，但杀虫剂可能会伤害家具的表面，应谨慎使用，特别是对一些比较名贵的木材。

3. 除甲醛

室内环境中去除甲醛最好的方法是保持良好的通风，但需要持续较长时间。因此，建议从源头上加以防范，即不要购买含有大量甲醛的家具，尽量选择一些纯天然材质的家具。

4. 除尘

实木家具需要养成经常除尘的习惯。使用干净的软棉布，如旧的白T恤或婴儿用棉布等。切记不要用海绵或餐具清洁用具擦拭木家具表面。在除尘时请使用浸湿后拧干的棉布，湿棉布能减少摩擦，避免划伤家具，同时有助于减少静电对灰尘的吸附，利于清除家具表面的灰尘。但应避免水气残留在家具表面，建议用干棉布再擦一遍。

5. 清洁

为了除去家具表面的污染物、油烟，操作时的污迹以及上光时的残余物所导致的痕迹，建议使用专用的家具清洁剂。这种溶剂不仅可去除上述污渍，还可以帮助去掉多余的蜡。

6. 涂蜡

实木家具表面有时也要靠上蜡进行保养，以增加外观的美感。建议使用专用的实木家具上光蜡进行定期保养。不要选含有硅树脂的上光剂，因为硅树脂会软化从而破坏涂层，还会堵塞木材毛孔，给修理造成困难。建议每年上蜡一至两次。过度上蜡也会损伤涂层外观。

7. 处理水痕

水痕通常要经过一段时间才能消失。如果一个月后它仍可见，用一块涂了少量色拉油或蛋黄酱的干净软布于水痕处顺木纹方向擦拭，或用湿布盖在痕印上，然后用电熨斗小心地按压湿布数次，痕印即可淡化。

8. 处理烫痕

用一块干燥的、超细的家具涂装专用钢丝绒垫于烫痕处并顺着实木家具木纹的方向擦拭，也可以用色拉油或蛋黄酱涂在烫痕处，取软布顺木纹轻轻擦拭，然后再换一块清洁的软布将其擦干净，最后上光。

9. 处理烧痕

烟头或未熄灭的火柴在实木家具漆面上留下焦痕，若是漆面烧灼，可在火柴杆或牙签上包一层细纹硬布，轻轻擦抹痕迹，然后涂上一层薄蜡，焦痕即可淡化。

第二节　橡胶木地板的应用与消费

一、橡胶木地板选购要点

橡胶木地板分优等、一等、合格三个等级，优等级质量最好，其应用范围较广，可以使用在住宅内或商场、写字楼、会展中心等商业领域，如图 5-2 所示。由于橡胶木地板受潮、暴晒后相对容易变形，因此在选择橡胶木地板时，要格外注重地板基材的品质和安装工艺。

图 5-2　橡胶木地板示例

1. 确定地板的含水率

选材时必须注意橡胶木地板的含水率。国家标准中实木地板含水率要求：7.0% ≤ 实木地板含水率≤我国各地区的平衡含水率。同批地板试样平均含水率最大值与最小值之差不超过 4.0%，且同一板内含水率最大值与最小值之差不差过 4.0%。由于我国幅员辽阔，南北气候差别较大，不同地区对于地板用材的含水率要求不尽相同，含水率过高或过低都会使橡胶木地板铺成后因环境的变化而产生翘曲或开裂。消费者在购买橡胶木地板时，可先通过专卖店配备的含水率测定仪检测产品的含水率，符合国家标准要求方可购买。

2. 检查地板的加工精度

一般在橡胶木地板安装前，开箱后可取出 10 块地板在平地上徒手拼装，观察企口咬合情况，是否有明显的拼装间隙或相邻板间高度差。国家标准规定，实木地板的拼装离缝最大值应≤0.4mm，拼装高度差最大值应≤0.3mm。

3. 观察地板的外观质量

检查橡胶木地板基材的外观缺陷，先观察是否为同一树种，是否有死节、活节、开裂、腐朽、菌变等缺陷。由于橡胶木地板是天然木制品，因此，其材质在客观上存在色差和不均匀等现象，这是无法避免的。而且，铺设实木地板，正在于它自然美观的花色、花纹，不必过分追求地板无色差，只需在铺装时稍加调整即可。优级实木地板外观不允许有死节、蛀孔、树脂囊、髓斑、腐朽、缺棱、裂纹、加工波纹、榫舌残缺等。

4. 观察地板的漆膜质量

木地板漆面有哑光、亮光和哑亮光三种，选购时关键看地板漆膜光洁度、有无气泡、是否漏漆以及漆膜硬度。简单易行的检验漆膜硬度方法：用一支削好的平头 H 铅笔，笔杆与地板表面成 45° 夹角，在地板表面上连划几道，没有痕迹的即为合格品。优级实木地板外观不允许有漆膜划痕、漆膜鼓泡、漏漆、漆膜上针孔、漆膜皱皮等。

5. 了解地板的规格大小

单就木材材性来看，木地板的尺寸越小，稳定性越好。因此，在确定橡胶木地板尺寸时，并非越长、越宽越好，建议选择中等长度的地板，不易变形。此外，地板使用寿命的长短，除受地板本身质量影响以外，铺设环节至关重要，建议消费者购买哪家地板就请哪家铺设，以免生产企业和装修方互相推诿责任。

6. 检查是否耐污染

橡胶木地板对耐污染性也有一定要求。选购时，可通过在地板表面用彩笔写字、涂口红、洒酱油等方式进行辨别。再用湿布擦去，观察表面是否留有印记。若擦除后地板表面依旧洁净如新，则可以证明地板耐污染性较好。

7. 检查是否耐磨

衡量橡胶木地板表面是否耐磨主要是看地板的面层涂饰处理工艺。优质的地板面层涂饰厚度一般在 0.3~0.6mm，可以用钥匙、硬币等硬物在地板表面进行刮擦，看是否留下了明显的痕迹，若地板表面并未出现明显刮痕，则证明地板耐磨性能优异。

二、橡胶木地板铺装与验收

1. 铺装前准备

橡胶木地板铺装前，应彻底清理地面，保证无尘土与其他杂物；测量地面含水率，合格后方可施工，严禁湿地施工，防止有水源处向地面渗漏；根据屋内已铺设的管道、线路情况，用户与施工方共同制定合理的铺装方案，确定木龙骨、踢脚板、扣条数量等。

2. 木龙骨安装

确定木龙骨铺设方向与间距，并画线标明，确保地板端部接缝在木龙骨上；合理布局固定木龙骨的位置，打孔孔距≤300mm，孔深度≤60mm；采用专用木龙骨钉将其固定，不得用水泥或含水建筑胶固定；木龙骨安装时，间距允差≤5mm，平整度≤3mm/2m，与墙面间的伸缩缝为 8~12mm。

3. 地板铺装

在木龙骨上可铺钉毛地板，毛地板严禁整张使用，宜锯为 1.2m×0.6m 或 0.6m×0.6m 的板材，毛地板铺装间隙为 5~10mm，与墙面及地面固定物间间距为 8~12mm；铺设防潮膜，防潮膜交接处应重叠 50mm 以上，并用胶带粘结严实，墙角处上卷 50mm；地板的拼接缝隙应根据铺装时的环境温湿度情况、地板宽度、地板含水率、木材材性以及铺设面积情况而定；地板宽度方向铺设长度≥6m 时，或地板长度方向铺设长度≥15m 时，或靠近门口处，应在适当位置设置伸缩缝，并用扣条过渡；铺装完毕后，铺装人员应全面清扫施工现场，检查地板铺装质量。

4. 地板验收

地板铺装结束后 3 天内验收；检查地板表面是否洁净、平整，铺设是否牢固，踩踏有无明显异响；是否按要求留有伸缩缝并用扣条过渡，门扇底部与扣条间隙不小于 3mm，门扇应开闭自如；按照表 5-2 及表 5-3 进行地板铺装质量与踢脚板安装质量验收。

表 5-2　实木地板铺装质量要求

项目	测量工具	质量要求
表面平整度	2m 靠尺（或细线绳） 钢板尺，精度 0.5mm	≤3.0mm/2m
拼装高度差	塞尺，精度 0.02mm	≤0.6mm
拼装离缝	塞尺，精度 0.02mm	≤0.8mm
地板与墙及地面固定物间的间隙	钢板尺，精度 0.5mm	8~12mm
漆面	—	无损伤，无明显划痕
异响	—	主要行走区域不明显

表 5-3　踢脚板安装质量要求

项目	测量工具	质量要求
踢脚板与门框的间隙	钢板尺，精度 0.5mm	≤2.0mm
踢脚板拼缝间隙	塞尺，精度 0.02mm	≤1.0mm
踢脚板与地板表面的间隙	塞尺，精度 0.02mm	≤3.0mm
同一面墙踢脚板上沿直度	5m 细线绳 钢板尺，精度 0.5mm	≤3.0mm/5m （墙宽不足 5m 时，按 5m 计算）
踢脚板接口高度差	钢板尺，精度 0.5mm	≤1.0mm

三、橡胶木地板保养

橡胶木地板保养要注意以下几点：

（1）清洁橡胶木地板时使用半干拖布，若家中空气干燥，拖布可湿一些或用加湿器增湿。尽量避免橡胶木地板与大量的水接触；严禁用酸性、碱性液体擦拭，以免破坏地板表面漆的光洁度。

（2）地板铺设完毕后，最好及时打蜡。在日常使用过程中，每 3 个月打蜡一次即可，保持橡胶木地板的光洁度，延长使用寿命。

（3）避免长期暴晒，并定期通风。

（4）避免金属、玻璃、钉子等尖锐器物划伤地板，不得接触明火或直接放置过烫物品，尽量避免拖动沉重的家具。

第三节 橡胶木木门的应用与消费

橡胶木木门按照工艺及用途可以分为很多种类。其广泛适用于民用和商用建筑，有欧式复古风格、简约现代风格、美式风格、地中海风格、中式风格、法式浪漫风格、意大利风格，如图 5-3 所示。

图 5-3 橡胶木木门示例

一、橡胶木木门选购要点

1. 确定木门的含水率

林业行业标准要求，室内木质门含水率为 6%~14%。消费者可在选购时，根据当地气候条件，选择合适含水率的木门产品。

2. 检查木门的加工和组装精度

门扇厚度通常为 35mm、38mm、40mm、45mm、50mm、55mm、60mm，门框与普通铰链连接处的厚度应不低于 25mm，与 T 形铰链连接处的厚度应不低于 18mm，优先选用 28mm、30mm、38mm、40mm、45mm、50mm。门扇、门框允许偏差和组装精度见表 5-4 和表 5-5。

表 5-4 门扇、门框允许偏差

项目	允许偏差
门框、门扇厚度	± 0.5mm
门扇宽度	± 1.0mm
门扇高度	± 1.0mm
门框部件连接处高低差	≤0.5mm
门扇部件连接处高低差	≤0.5mm
门框、门扇垂直度和边缘直度	≤1.0mm/1m
门扇表面平整度	≤1.0mm/500mm
门扇翘曲度	≤0.15%

表 5-5 木质门的组装精度

项目		留缝限值
门扇与上框间留缝		1.5~3.5mm
门扇与边框间留缝		1.5~3.5mm
门扇与地面间留缝	卫生间门	8.0~10.0mm
	其他室内门	6.0~8.0mm
门框与门扇、门扇与门扇接缝高低差		≤1.0mm

注：门扇厚度大于 50mm 时，门扇与边框间留缝限值应符合技术要求。

3. 观察木门的外观质量

检查橡胶木木门的外观质量，可从装饰性、材色、有无死节、孔洞、树脂道、腐朽、裂缝、拼接离缝、叠层、鼓泡、分层、划痕等方面进行。林业行业标准中规定，实木门及实木复合门的门扇和门框的材色和花纹应自然美观，花纹近似或基本一致，色差不明显；每平方米板面上缺陷（半活节、死节、孔洞、夹皮和树脂道、树胶道）总个数为 4 个以内，且均有单个缺陷长径要求；门扇不允许出现死节、虫孔、孔洞、叠层、凹陷、压痕、鼓包；门扇和门框均不允许出现腐朽、加工波纹、鼓泡、分层等。

4. 观察木门的漆膜质量

标准要求，木门门扇和门框不允许出现漆膜流挂、鼓泡、污染，漆膜划痕、漏漆现象不明显，表面漆膜皱皮不超过总面积的 0.2%，漆膜粒子及凹槽线型部分手感光滑。消费者可用手抚摸门的边框、面板、拐角处，要求无刮擦感、柔和细腻；站在门的侧面迎光看门板的油漆面是否有凹凸波浪，可判断木门外观是否良好。检查橡胶木木门的漆膜硬度时，可用一支削好的平头 H 铅笔，笔杆与地板表面成 45° 夹角，在木门表面连划几道，没有痕迹的即为合格品。

5. 木门与环境的色彩搭配

橡胶木木门色彩与居室搭配要遵循配套的原则，选择的门在颜色、风格上要与门框套、整个室内装修的风格协调搭配，才能产生完整统一的装饰效果。首先，橡胶木木门色彩与居室环境应协调。如果整个居室的环境是冷色调，那么橡胶木木门的选择应该偏向冷色调，形成整体上的搭配。如果整个居室的环境是暖色调，那么选择柚木色、红桃木色、北美黑胡桃木色、非洲沙比利木色等这些颜色会比较搭配一些。其次，橡胶木木门色彩的选择还应注意与家具、地面的色调要相近，应该同窗套垭口尽量保持一致，而与墙面的色彩产生反差，这样利于营造出有空间层次感的氛围。

二、橡胶木木门安装

木门的安装流程如图 5-4 所示。

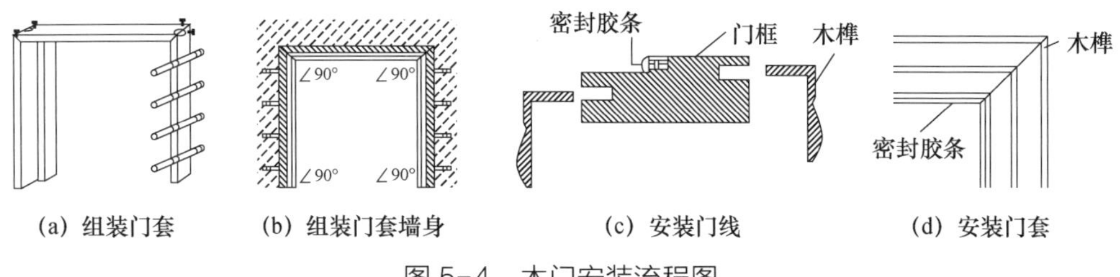

(a) 组装门套 (b) 组装门套墙身 (c) 安装门线 (d) 安装门套

图 5-4 木门安装流程图

（1）采取预留洞口的安装方法，严禁边安装边砌口的做法。

（2）须在门口地面工程（如地砖、石材）安装完毕后，同时在墙面作业最后一道工序之前，进行木门安装作业，若遇墙体潮湿，应用隔潮材料隔离。

（3）工具：电锤、木头榔头、平锉、边刨、细齿锯、螺丝刀、角尺、卷尺、吊线锤、电钻、开孔器、锲子、钻头。

（4）材料：自攻螺丝、木牙螺丝、502 胶、毛巾、木钉、小木条、胶水、门锁、合页、门吸、墙体隔潮材料、铁片。

（5）组装门套：先将门套和立板找出，根据背面编号在同一平面上对好结合口，在接口处涂上胶水，在接口后面的引孔上打上 80mm 木牙螺丝，用螺丝刀将其拧紧，不要把螺丝打入门套内，检查采口之间的尺寸是否正确，接合处是否平整密实、牢固。然后，在门套立板背面装上铁片，装铁片时要用 25mm 自攻螺丝，铁片间距以 300~350mm 为宜，铁片距地面以 200mm 为宜，铁片端比门套立板长 100~150mm。门套采口内空尺寸：高度 = 门扇高度 +（0~13）mm；宽度 = 门扇宽度 +（6~7）mm。

（6）安装门套：将组装牢固的门套整体放入门洞内，用小木条将门套四周固定好，门套两面要与墙体在同一平面上，然后检查门套整体与地面是否垂直，门套顶板与两立板的两角是否为直角，门套立板有无弯曲，扭转铁片两端，使之包住墙体。根据铁片上预留孔的位置，用电锤在墙体上钻 8mm 孔，用小木条将其塞紧，再用 80mm 木螺丝将铁片固定在墙体上，然后，用小木条将门套与墙体间的缝隙填充塞紧，重新检查门套竖条与地面是否垂直。

（7）安装门扇：先开合页槽，合页槽与门扇两端的距离以门扇高度的 1/10 为宜，较重的门要装 3 个合页，合页槽的深度以合页的单片厚度为宜，门扇与门套都要开合页槽，安装合页，要用与合页配套的螺钉，螺钉要用螺丝刀拧紧，不能直接用榔头将螺钉钉入，门扇上的合页固定好后，门、门套上的合页要拧上螺钉，然后关门检查门的左右和上面的缝隙是否一致，开启是否灵活，确认无误后，再将其他的螺丝拧紧。

（8）安装门锁：根据提供的锁型安装到相应位置，门锁距地面高度为 900~

1000mm，安装好后检查门扇、门锁开关是否灵活，留缝是否符合规定。

（9）安装门套线：根据安装现场尺寸确认，将带直角的门套线锯切成45°斜角，用平锉或木工刨打磨，直角边插入门套槽内并用地板胶将门套线与门套板粘牢，90°碰尖处斜角一致、平整且合缝严密，门套线合缝处用胶粘牢，在门套线两端顶碰角部钉一小直钉将其锁死。

（10）在相应的位置安装门吸。

（11）清洁已经装好的全套实木门（现场清洁），并交付用户验收。

三、橡胶木木门保养

橡胶木木门保养要注意以下几点：

（1）在使用木门过程中，开启木门时应注意手上是否带有水分或其他液体物质，以免水分或其他液体物质腐蚀门锁。

（2）开、关门以及使用门锁过程中切忌用力过猛，防止人为损坏。

（3）定期对木门进行清洁、除尘，保持木门干净整洁；清洁过程中，应尽量使用软棉布擦拭，切忌用硬布，以免造成门表面划伤；在清除表面污渍需要使用液体擦拭时，应尽量选用清水或中性化学护理液清洗，防止清洁剂使表面饰面材料变色或剥离，影响产品美观。

（4）室内温度过高，以免造成木门变形，因此，在高温的天气一定要注意保持适宜的室内温度。

（5）室内空气湿度过大会导致木门出现霉点、表面装饰材料脱落、金属配件锈化等问题。随着雨季的来临，各地降雨频繁，因此要保证室内空气湿度适宜。

（6）合页、锁等经常活动的配件，发生松动时，应立即拧紧，合页位置发生响声应及时注油，锁开启不灵活时可往钥匙孔加入适量的铅笔芯沫，不可随便注油。

第四节　橡胶木定制家居的应用与消费

随着消费者消费理念的变化，市场对橡胶木产业提出了新的需求，特别是以木质材料表面二次贴面加工为主的木质装饰产品尤为盛行，其表面材料的色彩、纹理、质感、设计等满足了消费者个性化的需求，应用领域十分广阔，越来越受到定制家居、卫浴家居、家具、木门等市场的青睐。橡胶木刨花板、胶合板可应用于定制家居生产制造，产品主要包括厨柜、衣柜、床、墙板、生态门等。

一、橡胶木定制家居选购要点

定制家居产品一般使用周期长，要选择有良好市场信誉的品牌产品。例如，入墙的定制柜体，通常要使用 8 到 10 年，著名品牌定制家居产品除质量过关外，售后服务也有一定的保障。定制家居多数以饰面人造板为基材进行加工处理，而饰面人造板多数以刨花板、防潮板、中密度纤维板等板材为基材，再经过贴面二次加工形成板材。定制家居的质量与人造板基材的含水率、内结合强度、吸水厚度膨胀率、静曲强度、弹性模量及饰面纸的耐污染、耐龟裂、表面胶合强度等物理力学性能密不可分。选购要点如下：

1. 检查是否耐污染

耐污染性能可通过在板材表面用彩笔写字、涂口红、洒酱油等方式进行检查，再用湿布擦去，观察表面是否留有印记。若擦除后板材表面依旧洁净如新，则可以证明耐污染性较好。

2. 检查是否耐磨

可以用砂纸、钢丝球等硬物在定制家居板材表面进行摩擦，看是否留下了明显的痕迹，若表面并未出现明显刮痕，则证明板材耐磨性能优异。

3. 检查是否耐水蒸气

可以将板材倒扣在烧开的水壶口（不能接触水壶口的金属边缘），用水蒸气对其表面处理数十分钟，再用干布擦净，观察表面是否有色差变化，若没有则证明板材耐水蒸气性能较好。

4. 检查吸水厚度膨胀率

将测量好厚度的一小块板材放入室温的水中，让水淹没样块，24 小时后拿出在原测量点继续测其厚度，计算出增长率。常用柜体厚度（13~25mm）吸水厚度膨胀率一般小于 10%。

5. 检查是否耐香烟灼烧

将点好的香烟放置于板材表面，待一段时间后观察表面变化，若无鼓泡、裂纹及颜色无较大变化，说明板材耐香烟灼烧性能良好。

6. 环保性

定制家居板材甲醛释放量过高将对使用者的身体健康造成不良影响。将自然释放一段时间后的定制家居如衣柜、厨柜柜门或抽屉打开，不能散发强烈刺激气味。在购买定制家居时，索要相关的产品质检报告，看甲醛释放量是否合格。

二、设计与安装

服务方应为顾客提供测量、方案确定等设计服务，包括全屋定制家居风格搭配、功能布局、材料选择、五金以及电器选择建议等，并解答顾客的相关疑问。

1. 测量

服务方应为顾客提供上门测量服务。上门测量前应与顾客确定测量时间，到现场后应再次确认顾客的需求，确定对现场的建议及要求。根据空间的合理布局提出水、电、气的结构走向要求及施工配合事宜，并以水电位施工图等方式明确相关的施工质量要求和责任。应对相关的测量信息及商定结果进行文件记录并经双方确认。

2. 方案确定

服务方与顾客应对最终方案进行确定。服务方可结合现场测量情况，按照顾客的意见进行合理修改调整，对全屋定制家居风格搭配、功能布局、材料选择、五金以及电器选择、尺寸等与顾客达成一致并以文件形式对方案进行最终确认。

3. 合同签订

服务方应与顾客签订销售合同，合同内容至少应涵盖如下信息：
（1）设计平面图及主要尺寸。

（2）门板、柜身板、台面板的品种、颜色、质量标准。

（3）五金配件的品种、材质、品牌。

（4）各种材料的单价、总价及价格的计算方法。

（5）服务方三包条款、交货周期、逾期交付处理及赔偿方式、免责条款。

（6）特殊情况时合同的处理和终止。

（7）双方的权利、责任和义务。

（8）保密约定。服务方对顾客信息负有保密责任，未经顾客同意，禁止向第三方泄露。

4. 安装

（1）预约

服务方应提前与顾客预约安装时间。预约时应确认已具备安装条件。

（2）装前确认

到达现场后，服务人员应与顾客进行安装前的确认。确认内容至少包括：

①货物是否正确；

②工具堆放地点；

③厨柜的安装高度；

④水、电、气等管线的预埋部位；

⑤是否符合现场物业规定。

（3）现场准备

安装前，服务人员应对施工区域和安装区域进行清理，应在操作区域铺上保护垫，工具、部件、材料应有序摆放，必要时对顾客的其他物品采取预先保护措施。

（4）安装

按照安装规范、相关图纸和质量标准等进行安装操作。安装过程中应注意对部件和顾客其他物品的保护。

（5）检查

安装完毕后，服务人员应对全屋定制家居进行安装质量自检，发现问题及时解决。

（6）卫生清理

服务人员负责工程竣工后的现场清扫和检查，至少应包括：

①清洁各类柜体，使柜体内外无杂物和明显灰尘；

②揭除门板表面保护膜，若顾客要求保留时应告知顾客尽早揭除；

③告知或帮助顾客正确处理包装箱等可回收材料；

④清扫和处理现场垃圾。

（7）现场规范

（1）服务人员有义务保护顾客的物品和设施，未经顾客允许不应擅自动用。进入现场应穿鞋套，如需使用顾客卫生间时，应事先征得顾客同意。不应进入客房、卧室等与工作地无关的区域。

（2）如当日不能完工，应向顾客说明不能完工原因。服务人员可请求顾客做好安装现场的保护及消防工作。

5. 验收

①服务方应提供全屋定制家居产品说明书及质量保修凭证，凭证中应明确保修范围和保修期限。

②服务人员应指导顾客掌握正确使用和维护全屋定制家居的方法并告知售后服务联系方式。

第五节　橡胶木薄木（木皮）的应用与消费

一、常用规格

橡胶木薄木的常用规格主要分普通装饰薄木和微装饰薄木，见表 5-6。

表 5-6　橡胶木薄木的常用规格分类

产品名称	厚度
普通装饰薄木	0.5~1.2mm
微装饰薄木	小于 0.5mm

二、选购要点

1. 外观质量

橡胶木薄木选购外观质量主要包括针节、死节、虫道、夹皮、腐朽等指标，见表 5-7。

表 5-7 橡胶木薄木外观质量分类

<table>
<tr><th colspan="2" rowspan="2">检验项目</th><th colspan="3">各等级允许缺陷</th></tr>
<tr><th>优等</th><th>一等</th><th>合格</th></tr>
<tr><td colspan="2">变色</td><td>不易分辨</td><td>不明显</td><td>允许</td></tr>
<tr><td rowspan="3">针节</td><td>平均允许个数</td><td rowspan="3">不允许</td><td>2 个 / 平方米</td><td>允许</td></tr>
<tr><td>黑色部分最大尺寸</td><td>3.2mm</td><td>4.2mm</td></tr>
<tr><td>总尺寸</td><td>6.4mm</td><td>8.4mm</td></tr>
<tr><td colspan="2">死节及修补死节的允许量</td><td rowspan="4">不允许</td><td rowspan="4">不允许</td><td>2 个 / 平方米</td></tr>
<tr><td colspan="2">死节最大允许尺寸</td><td>9.5mm</td></tr>
<tr><td colspan="2">修补的结疤最大允许尺寸</td><td>4.2mm</td></tr>
<tr><td colspan="2">修补的结疤平均允许数量</td><td>2 个 / 平方米</td></tr>
<tr><td colspan="2">虫道</td><td>不允许</td><td>不明显</td><td>允许</td></tr>
<tr><td colspan="2">夹皮</td><td>不允许</td><td>不允许</td><td>小于 3mm × 25mm</td></tr>
<tr><td colspan="2">腐朽</td><td>不允许</td><td>不允许</td><td>不允许</td></tr>
<tr><td colspan="2">毛刺沟痕、刀痕、划痕</td><td>不允许</td><td>不明显</td><td>允许</td></tr>
<tr><td colspan="2">闭口裂缝</td><td>每平方米累计
长度≤500mm</td><td>每平方米累计
长度≤1500mm</td><td>允许</td></tr>
</table>

2. 纹理

薄木的纹理分为直纹（呈直线状）和山纹（呈山形）。要根据产品的要求选定薄木的纹理，一组产品的纹理应基本一致。

3. 颜色

橡胶木薄木色泽有深浅，应根据生产产品的颜色样板，选择合适的薄木，以便涂饰。

4. 规格

应选择合适的长度和宽度。要考虑到余料最小，具体操作如下：根据产品部件的规格，先选长规格的木皮，后选短规格的木皮，使余料长度小于 150mm 或大于 450mm；宽度按要求的尺寸进行拼接。

三、橡胶木薄木饰面加工

橡胶木薄木作为一种天然的材料，需要附着在基材上才能发挥其装饰的作用。最常见的使用方法就是将木皮压贴在人造板或者指接板上，制造出薄木饰面板，然后将其加工成家居产品。如果木皮厚度在 0.3mm 以下，可以用乳胶或者万能胶粘贴；如果木皮厚度超过 0.4mm，最好使用强力胶粘贴。橡胶木薄木饰面加工主要有以下要点：

（1）贴 0.6~1.0mm 橡胶木薄木时，胶液涂布时以 100~130g/m^2 为准，薄木较厚时适用较高的布胶量，并以只有少许渗胶时最适当。胶太少时易欠胶或脱胶；胶太多则造成渗胶污染材面，不易达到良好的涂装效果。

（2）装配时间：25℃，10min 之内完成加压作业。

（3）热压温度：多段式热压机用 105~110℃，单层快速热压机用 120~125℃。

（4）热压时间：薄木 0.8mm 厚时，多段式热压机用 3~4.5min；木材薄片 0.65mm 厚时，多段式热压机用 3~4min。

（5）冬天需提高热压温度 50℃，并延长时间 10~30s；于解压后立即进行剥离试验，需有木破才可确定胶合剂固化完全。

（6）木材含水率（热压前）：橡胶木薄木含水率 6%~8% 最为合适。含水率高或低于标准都会导致胶合不良，产生开裂现象，尤以冬天胶合条件失控且产品销售到相对湿度较低的北方时，最易造成胶合失败、表面裂开，故需特别注意所有胶合条件符合管制标准才得以成功完成胶合作业。

（7）橡胶木薄木厚度误差控制在 0.1mm 以内，PB、FB 板砂光厚度平面差需在 0.15mm 以内，超过以上标准，不良率将大增。胶纸避免重叠，最多 2 层，3 层胶纸会使薄木中的水分上升太高，且太厚也会导致压力太大及传热不足使胶无法固化完全，这是造成单板拼接线开裂或浮起的主要原因。

（8）由于施工条件多，如室温、相对湿度、树种、砂光平整度、薄片厚薄差、胶纸厚度及水分、板材规格、有无回潮、空调、除湿设备；布胶机是否有冷冻循环装置、布胶机精密度；布胶量多少，是否均一，是否太多或局部欠胶；工人熟练度；含水率差异；加压时间、压力等。必须尽量符合标准作业条件，甚至涂料种类及涂装方法都影响薄木拼花贴面效果。由施工经验可知，产品不良大多为施工条件管制疏失而非产品本身品质不佳，故务必控制在最好的条件下完成施工。

四、应用领域展示

橡胶木薄木应用领域如图 5-5 至图 5-10 所示。

图 5-5　灯具

图 5-6　家具

图 5-7　墙面

图 5-8　包

图 5-9　工艺品

图 5-10　手表

第六节　其他橡胶木制品的应用与消费

一、橡胶木墙板

橡胶木墙板如图 5-11 所示。

图 5-11　橡胶木墙板示例

1. 橡胶木墙板采购

木墙板按外观质量分为优等品和合格品两个等级。《建筑装饰用木质挂板通用技术条件》（JG/T 569—2019）标准规定，实木挂板含水率不得大于我国各使用地区的木材平衡含水率，且优等品不允许出现死节、裂缝、腐朽、裂纹夹皮、虫眼、钝棱、树脂囊、髓斑，漆膜不得有划痕、鼓泡、针孔、皱皮及漏漆现象。

2. 橡胶木护墙板测量安装要点

橡胶木护墙板测量安装要点有以下几个：

（1）橡胶木护墙板测量，最好是现场已用多层板打底找平，水平线位置及天花高度确定。

（2）要绘出户型平面图、立面图（特别是复杂户型）。确定制作区域，然后按实际细节逐一测量。

（3）要整体考虑与其他构件间的位置关系（如门套、垭口、背景墙、柜体、楼梯口等等），以便精准计算尺寸、数量。

（4）要考虑与其他构件之间的连接关系，并适当让出预留量，便于现场安装。

（5）确定护墙板细部尺寸时，须考虑阴角、阳角以及护墙板厚度、脚线、腰线、顶线高度等因素。

（6）保持墙面干净：安装前应使墙面干净、干燥、平整，高度弹线找平；为适应当地气候条件，护墙板拆封后，最好就地放置至少 48 小时再安装。

（7）事先设计好尺寸：安装前，应先将每一分块找方找直后试装一次，经调整后再正式钉装，避免面层的花纹错乱、颜色不匀、棱角不直、尺寸不对、表面不平、接缝处黑纹及接缝不严等。

（8）拉线检查顶板：操作前应拉线检查护墙板顶部是否平直，如有问题及时纠正。应避免护墙板压顶条粗细不一、高低不平、劈裂等。

（9）墙面需做防潮处理：由于木质品都具有一定的含水率，如果墙面潮湿，应待干燥后施工，或做防潮处理。例如，先在墙面做防潮层，涂刷防水防潮涂料；在护墙板上、下留通气孔。

（10）面板表面要留缝隙：护墙板面板表面的高差应小于 0.5mm；板面间留缝宽度应均匀一致，尺寸偏差不应大于 2mm；单块面板对角线长度偏差不大于 2mm；面板的垂直度偏差不大于 2mm。

（11）阴阳角要水平、垂直：护墙板的阴阳角处是施工的重点和难点，应特别注意。必须做到阴阳角垂直、水平，对缝拼接为 45°。

（12）踢脚线与压条要紧贴面板：踢脚板和压条应该紧贴着面板，不得留有过大缝隙。固定踢脚板或压条的钉子间距，一般不得大于 300mm；钉帽应敲扁，进入板条内的深度为 0.5~1.0mm，钉眼要用同色油性腻子抹平。

二、橡胶木卫浴柜、楼梯及扶手、踢脚线等产品的应用、消费、保养

橡胶木卫浴柜、楼梯及扶手、踢脚线等产品的应用、消费、保养等可参考本书木门、地板中的介绍。

第七节 橡胶木及其制品的交易方式

一、线下交易

实体专卖店是销售渠道最重要的组成部分之一，在实体店可以将产品的外观、尺寸、质量等元素直接展示给消费者，消费者可以快速、全面、准确地获取产品信息。实体专卖店已经成为企业品牌发展的堡垒、信息交互的窗口和价值提升的平台。实体专卖店品牌产品齐全、展示比较直接，现场服务周到专业，同时能够进行多款式搭配并进行实景模拟，消费者感受更加直观，能直接提升消费者购买的意向。

橡胶木及其制品在建材市场比较多，上游产品及半成品主要在木材交易集散中心进行交易。而终端产品如家具、木门、地板、卫浴柜，则与红星美凯龙、居然之家、月星家居及地方品牌的建材市场合作，可以进一步扩大产品品牌的宣传力和影响力，多数还是以实体门店的形式展出。在建材市场购买产品时，可以一次性看到不同品牌、不同价格、不同风格的产品，货比三家，买到心仪的产品。在特定的节假日，建材市场会有集中、大型的促销活动，消费者可以选择性价比较高的产品。

二、电商平台

运营成本低廉的电商平台给消费者提供了另一种选购渠道，即互联网电子商务平台。互联网电子商务平台销售比实体专卖店销售运营费用要低得多，其信息流足且精准，性价比较高。互联网电子商务平台销售也能够拉动实体店的销售，互联网丰富的信息流和便捷度能够快速形成口碑度及品牌，利用这一方式形成网络线上和线下的相互转化，带动线下销售。

近年来，新零售模式兴起。该模式以大数据为依托，通过数据处理、人工智能辨别等先进技术手段对生产、流通及销售过程进行升级改造，进而重塑业态结构与生态圈，并对线上服务、线下体验以及现代物流进行深度融合。互联网无处不在的点对点销售可以填补传统实体店的渠道空白，建立立体式的销售渠道模式。

第八节　橡胶木及其制品的消费趋势

一、绿色健康化趋势

随着消费者环保意识的提高，在家庭装修后，为了消除残留在室内的有害气体，消费者一般都选择在装修至少 3 个月后入住，这给消费者的生活带来了极大的不便。根据近期新房装修污染调查，近 7 成的新装修家庭中甲醛含量超标，60% 安装不规范，导致新房存在环境健康安全隐患，而材质环保健康、设计人性化、智能化的家具将是消费者的首选。因此，环保家具将成为橡胶木家居企业近年来最大的卖点。

从消费者关注的家居环保内容类别上看，环保知识最受关注且增速最快，占家居环保整体搜索量的 52.41%，同比上涨 32.69%；污染去除方法占比 39.67%；污染检测方法占比 7.41%。对橡胶木家居企业来讲，环保家居体现的是企业的综合生产能力，而不仅仅是环保材料的使用。国家标准《室内装饰装修材料 人造板及其制品中甲醛释放限量》（GB 18580—2017）中，明确规定甲醛释放量必须小于等于 0.124mg/m³。橡胶木家居的生产是一个系统工程，板材只是加工中用到的一种基材，很多因素都会影响到环保品质，比如用于封边的热熔胶、门板油漆等原料，甲醛广泛存在于这些原料中。同时，加工工艺、企业的设计水平等都会影响橡胶木家居的环保性能。橡胶木家居的环保程度将成为制约企业市场竞争力的关键因素，也是企业综合生产能力的重要体现。

二、个性化需求趋势

由图 5-12 可知，不同的消费者对家居的风格有不同的偏好。家居风格因人而异也因时而异，现阶段家居风格主要分为现代简约型、清新北欧型、温馨田园型、欧式古典型、中式古典型等。目前，现代简约型家居是市场消费者最喜爱的风格，占比接近 40%；其次是清新北欧型，约占 25%；而现代简约型和清新北欧型家居风格以淡色、白色系列为主。橡胶木的色彩柔和偏白，可作为上述两种风格的装饰装修材料。

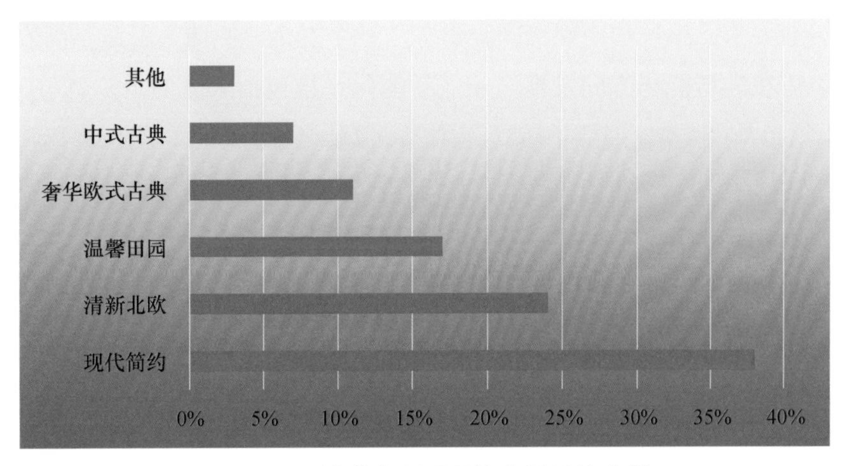

图 5-12　消费者所采用的家居风格分类

从图 5-13 可知，不同年龄段的消费者在购置家居制品时有不同的关注点。“70 后”的消费者主要关注价格和产品的实用性，即性价比；“80 后”更注重家居制品对室内环境及空气的影响，即产品的环保性能；而“90 后”关注产品使用起来是否方便、产品是否是当今的主流趋势，注重产品品牌及多元化创意设计。橡胶木是环保可持续利用的材料，在家居制品各方面都有应用，能够切实满足大多数消费者的消费能力和需求，实木家居消费品也将是更多消费者的首选。

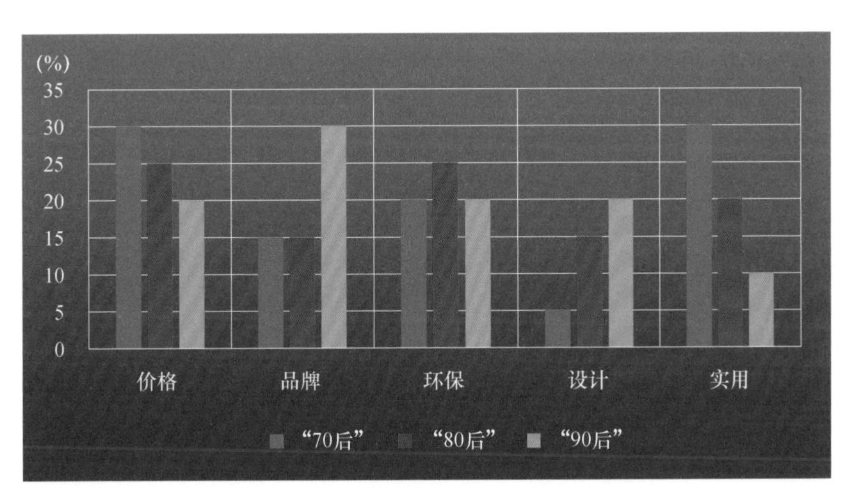

图 5-13　不同消费者年龄层次关注点

三、智能化需求趋势

信息化社会在改变人们生活方式与工作习惯的同时，也向传统住宅发起挑战。消费者对家居的要求已不只是物理空间，更关注一个安全、便捷、舒适、高效的居住环境，消费趋势在向智能化方向发展。家居智能化系统包括家庭安全防范（HS）、家庭设备自动化（HA）和家庭通信（HC），其产品以实用性为核心，在保证运行系统可靠性和安全性的同时，严格按照国际、国家标准，确保系统的开放性、兼容性和扩展性。

就橡胶木制品消费趋势而言，未来将步入平稳高质量的发展阶段，消费者因实木环保性能及市场发展需求，会逐渐加大对橡胶木实木门、实木及实木复合地板的消费。橡胶木制品涵盖了木门、地板、家具、护墙板、卫浴柜等多个产品类型，全屋定制产品的推广将进一步促进橡胶木二次贴面人造板的应用和消费。

第六章

橡胶木产业设备及辅料

第一节 常用设备

一、采伐设备

在橡胶木的整个产业链条中，不同的橡胶木产品加工制造环节，会用到不同的生产设备。

橡胶树由于主干不直、枝丫多且粗，在采伐的过程中若使用全自动伐木机则发挥不了其最大效率，因此，国内橡胶木基本是由人工使用油锯采伐，采伐后可以对橡胶木主干、枝丫进行现场锯断，如图 6-1、图 6-2 所示。

图 6-1 油锯

图 6-2 采伐、锯断

二、制材设备

橡胶木原木采伐后不宜长期堆放，需尽快加工。因其小径材较多，故原木制材大多采用锯轮直径 800~900mm 的小型木工带锯机，辅助简易导轨手工完成进料，板材的锯解和裁边均由一台带锯完成。小带锯具有高速切削产量高、机动灵活、适应性强、锯口小出材率高、操作简便等特点，如图 6-3 所示。

其他用于原木锯解的设备，如分片锯、多片锯等，其共同特点是具有多个锯片，可通过调整不同的锯片间距实现单根原木一次锯解出不同规格的多种锯材，大大提高了生产效率，是带锯机的理想替代设备，如图 6-4 所示。

图 6-3 木工带锯

图 6-4 多片锯

三、改良设备

橡胶木锯材都需要经过改良处理以满足后续的加工利用，其改良处理通常采用真空加压及冷热槽浸注两种方法，随着工艺的进步及环保要求的提高，目前橡胶木改良处理主要采用真空加压法。木材改良罐是改良设备的主体，木材的处理过程都是在罐体内进行的，罐体容积大小决定了木材处理量的大小，罐体一般为 5~15m^3，供需双方可根据实际需求，生产合适容积的设备，如图 6-5 所示。

图 6-5 改良设备

整套改良设备包括：①木材改良罐，木材存放处理主体设备；②加压系统，用改良剂给木材加压、注剂的设备；③真空系统，木材真空工艺处理设备；④配药系统，用于改良剂的稀释混合设备；⑤频压系统，频压工艺处理设备；⑥吸排液系统，改良剂吸排设备；⑦控制系统，用于控制机电设备；⑧运输系统，用于输送材料；⑨仪表仪器，用于监控设备工作状况；⑩储剂系统，用于储存改良剂的设备。

四、干燥设备

橡胶木在实际生产中需要及时干燥，在干燥室内用人工控制干燥介质的条件对木材进行对流加热干燥的方法称为室干（或窑干），干燥窑为此环节的主要设备，如图 6-6 所示。

图 6-6　干燥窑

常规木材干燥窑由如下部分组成。

（1）壳体和大门，是干燥窑的主体，保证干燥窑的密闭、保温、保湿；主要有金属壳体、砖砌壳体、混合壳体三种；

（2）地面，是干燥窑施工、固定和安装的重要基础；

（3）供热系统，提供木材干燥所需的热量；

（4）调湿系统，调整干燥介质湿度；

（5）通风系统，驱动干燥介质循环；

（6）检测控制系统，检测并控制干燥过程。

五、刨光设备

单面刨是指一次只能刨削工件一个平面的刨床。刀轴安装在工作台上面，其高度固定不变，工作台可以升降。工件经进料辊和送料辊滚压前进，通过刀轴的旋转刨削后可获得所需的表面和规格。主要用于已刨过的木料，将木料刨制成一定厚度和宽度的规格材，如图 6-7 所示。

双面刨切是指从小径木两侧同时进行纵向刨切。开始加工之前，调整两侧刨刀的初始位置，精确找正对刀，调整结束后刨刀进行纵向进给刨切，刨切时前刀面带来的剪切应力不断挤压小径木两侧的木材，造成切削木材的弯曲及剪切，在刀刃口前会形成超前的细小缝隙，当两侧切削木材受到的剪切应力达到临界值时，切削木材就会发生变形。随着刨刀的不断纵向进给，切削刃前未变形的木材不断受到切削刃带来应力的挤压，切削木材连续发生变形，这样每次刨切结束可以同时制备 2 块光滑的单板。一次刨切结束后，刨刀返回工作初始位置，两侧刨刀同时横向进给 2mm，进行下一次刨切，如此循环，直至小径木剩余厚度为 20mm 的固定芯板时结束刨切。其优点主要包括：

（1）双面刨切可连续生产，同时对小径木相对的 2 个平面进行刨切，提高了机械化和自动化程度，小径木只需 1 次装夹即可完成整体的刨切，节省了反复装卡木材的时间，节省了人力、物力，提高了生产效率。

（2）每次刨切结束后剩余的固定芯板需进行再次刨切，且每次完整加工剩余的废料仅为两侧板皮以及中间 20mm × 20mm 的固定芯材，大幅提高了小径木的出材率，提高了经济效益。

（3）每次刨切的方向都是顺着小径木的纤维方向进行，相对于垂直木纤维方向的刨切，所需剪切应力小，且不会造成横向刨切时产生的单板裂纹。双面纵向刨切时安装调试简单、噪声小、工作平稳，如图 6-8 所示。

图 6-7　单面刨

图 6-8　双面刨

六、指接板设备

多片锯是由多个锯片组合后进行机加工，而单片锯是由单个锯片作业。与单片锯

图 6-9 多片 / 单片锯（分切）

相比，多片锯对锯片的表面光洁度及锯片的质量要求更高，多片锯具有节省木材、锯路小、锯片薄、光洁度高等特点，如图 6-9 所示。

截锯是指根据生产工艺对物料长短的需求进行加工，橡胶木指接板行业一般使用自动截锯以提高生产效率，如图 6-10 所示。

木材选色机采用光学专用镜头，清晰度高，能识别出木材表面细微的色差并加以区分；能够自动适应调节工作温度，保证选料机在高温环境下能正常工作，采用高速并行的数据处理芯片，实施图像采集与处理系统，大大提高分选效果，如图 6-11 所示。

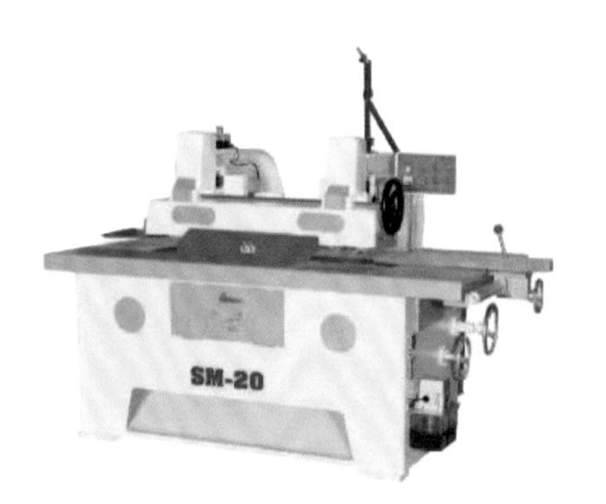

图 6-10 截断（剔缺陷）/ 截锯

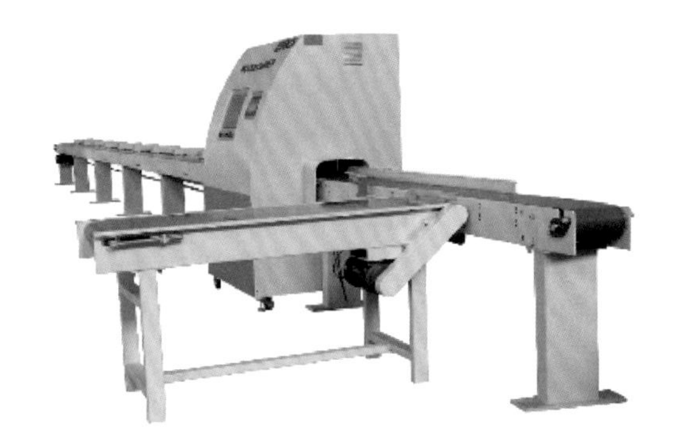
图 6-11 选色

按规格分出 A、B、C 等级，随统一规格、色差批量转到下道工序。同等级别是指同等色差、同等规格。

A 级是指双面全无（无色差、芯材、活节、死节、油囊、蓝变、开裂等），砂光要求板面平整。AB 级是指一面全无，另一面允许有色差、芯材、活节、油囊、蓝变、轻微的开裂等缺陷，不允许有脱漏的死节，可以进行修补。砂光要求板面平整。C 级是指允许有色差、芯材、活节、油囊、蓝变、轻微的开裂等缺陷，可以进行修补。砂光要求板面平整。

将造好的木条经过铣齿机梳齿榫、涂胶机涂胶，再用齿榫接木机接成条状，如图 6-12 至图 6-14 所示。

刨平四面：经过四面刨将接好的木条刨成整齐的方条，将规格方条通过压力机压成所需要的板材，如图 6-15、图 6-16 所示。

刨平、砂光：将压好的板材压刨、砂光成所需要的厚度，如图 6-17 所示。

图 6-12 铣齿机

图 6-13 涂胶机

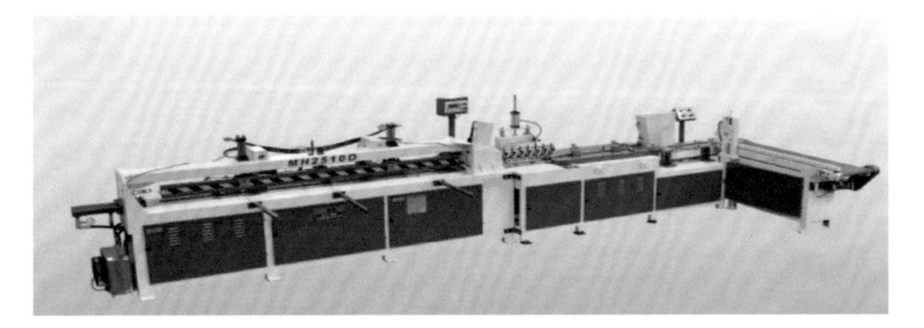

图 6-14 齿榫接木机

图 6-15 四面刨

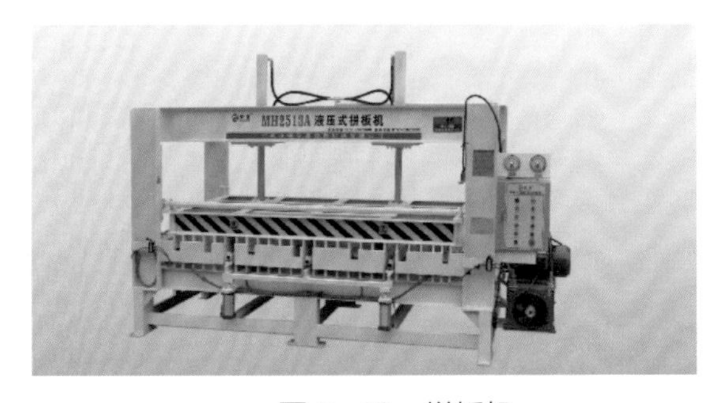

图 6-16 拼板机

图 6-17 砂光机

七、胶合板设备

旋切机是生产胶合板的主要设备之一，分为有卡旋切机和无卡旋切机，随着科技的进步，数字智能控制技术也运用到了旋切机生产中，近几年出现了数控旋切机（图 6-18）。数控旋切机的出现不仅提高了生产单板的质量和精度，而且大大提高了生产效率和整机的自动化程度。数控无卡旋切机是胶合板生产线或单板生产线上的重要设备，主要用于将有卡轴旋切机旋切剩余的木芯进行二次利用，将长度不等的木段及一定直径范围内的木芯旋切成不同厚度的单板，旋切直径小。其特点是：①采用伺服电机驱动精密丝杆进给；②更换板厚尺寸只需输入板厚数字，无须更换齿轮，旋切精度高；③不同木种也可一同旋切而不影响板厚；④板面光洁度好，对木材的阴阳面反应不敏感；⑤节能，操作简单，维修方便。

图 6-18 旋切机

胶合板热压机是胶合板生产流程中的主要设备之一，用于施胶组坯后的胶合板的热压，如图 6-19 所示。不同品种的胶合板对压机的性能有不同的要求：普通胶合板、航空胶合板、塑料贴面板、木材层积塑料板、船舶胶合板的制造所要求的压力依次增大。胶合板热压机按作业方式分周期式和连续两种，国内常用的是周期式多层热压机。它由三大部分组成：热压机本体、控制驱动部分（液压系统和电控系统）及加热系统。

图 6-19　热压机

八、刨花板设备

刨花板设备是将小径木、枝丫木、木材加工剩余物等木质原料或甘蔗渣、棉花秸秆等非木质原料，经拌胶后压制而成的一种人造板的设备。根据刨花板生产工艺，刨花板设备包括削片机、刨片机、干燥机、预压机、横截机、热压机、锯边机及砂光机等，如图 6-20 所示。

图 6-20　刨花板设备（局部）

九、家具设备

铣床是一种多功能木材切削加工设备，在铣床上可以完成各种不同类型的加工，如直线形的平面及型面、曲线形的平面及型面等铣削加工，此外，还可以进行开榫、裁口等加工。可用于方材毛料及净料的加工。主要包括单轴立铣床、双轴立铣床和镂铣机（上轴铣床），如图 6-21 至图 6-23 所示。

图 6-21　单轴立铣床

图 6-22　双轴立铣床

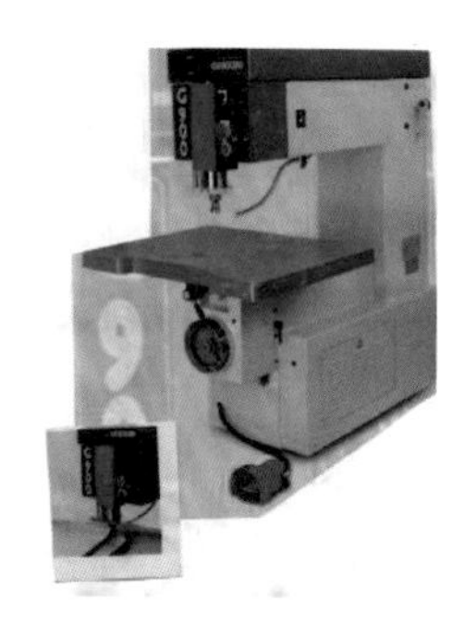
图 6-23　镂铣机

单面压刨床用于刨削平刨床已加工表面的相对面，并将工件刨成一定厚度和光洁的平行表面。单面压刨床的刀轴安装在工作台的上面，工件沿着工作台面向前进给时，通过刀轴上的刀片将工件刨成一定厚度。工作台可根据工件的厚度要求，沿床身垂直导轨进行升降调整。四面刨床用于将锯材、方材毛料的四个表面进行平面刨光或型面铣型，如图 6-24、图 6-25 所示。

图 6-24　单面压刨床

图 6-25　四面刨床

榫头机是能够对木材进行榫头、榫眼、铣型面和曲面、表面修整的设备。其主要包括单端榫头机、双端榫头机、单头双台椭圆榫榫眼机、多轴双台椭圆榫榫眼机、单侧锯铣钻组合机，如图 6-26 至图 6-30 所示。

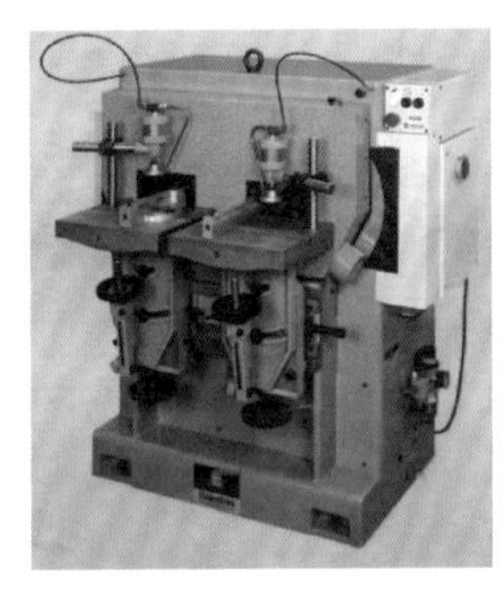

图 6-26 单端榫头机

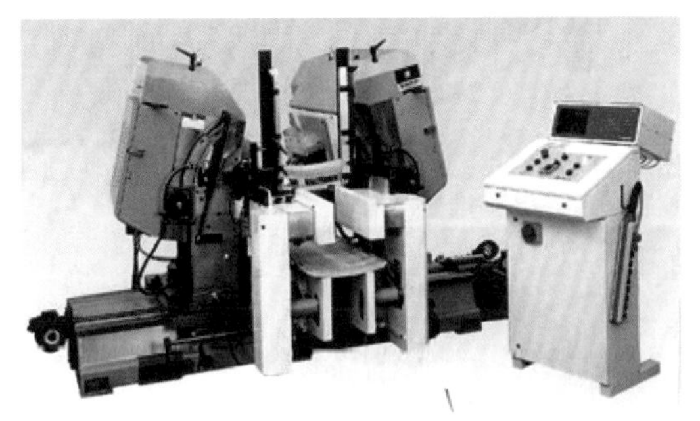

图 6-27 双端榫头机

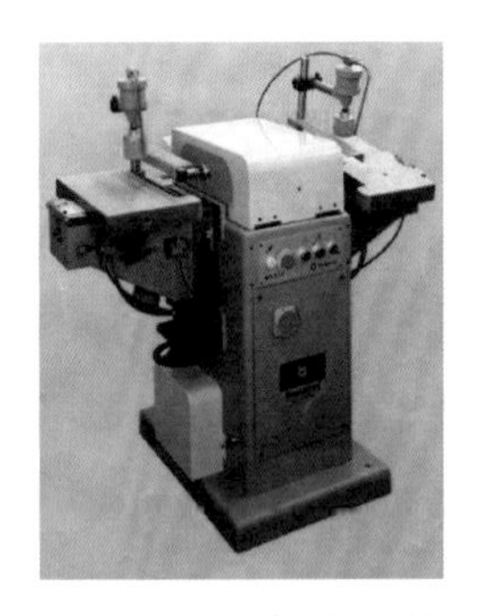

图 6-28 单头双台椭圆榫榫眼机

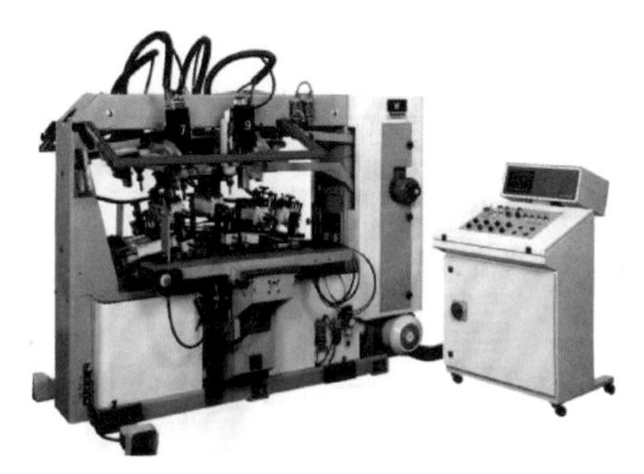

图 6-29 多轴双台椭圆榫榫眼机

图 6-30 单侧锯铣钻组合机

第二节 胶黏剂

一、胶黏剂的选购

橡胶木属中硬木，多用于制作指接拼板、实木家具、木门、卫浴柜等，在人造板领域主要用于生产刨花板。橡胶木在用于制作指接拼板、实木家具、木门、卫浴柜时，通常采用聚醋酸乙烯酯体系及苯乙烯 - 丙烯酸酯两种乳液聚合体系的胶黏剂（白乳胶）进行黏结加工。传统的聚醋酸乙烯酯体系具有稳定性高、无毒环保、可常温固化、固化速度快、黏结强度高、黏结层韧性和耐久性好、不易老化等特点，但耐水、耐湿、耐热性差。而经苯乙烯－丙烯酸酯改性后附着力好、渗透力强、胶膜透明，且具有耐水、耐油、耐热、耐老化等良好性能；尤其是添加内增塑功能单体提高了其柔韧性，耐高温功能单体加强了其耐烘烤性，使之表现出更为优异的耐水性和耐高温性。

刨花板生产用胶主要包含脲醛树脂、酚醛树脂、三聚氰胺甲醛树脂及异氰酸酯树脂。

（1）脲醛树脂。目前市售的绝大多数刨花板采用脲醛树脂制作，其具有颜色浅、固化时间短、使用方便、价格便宜的优点，主要用于生产各种室内用刨花板。它具有较高的物理力学强度和一定的耐冷水、耐热和耐久性。

（2）酚醛树脂。酚醛树脂的颜色为棕色，故用它制造的刨花板颜色较深；所需固化温度高，固化时间长，且价格较高，主要用来生产室外用刨花板和结构用刨花板等。酚醛树脂制造的刨花板各项性能优于脲醛树脂刨花板，具有良好的耐水性、耐热性、耐候性和一定的阻燃性。

（3）三聚氰胺甲醛树脂。三聚氰胺甲醛树脂的固化速度快，不需添加固化剂即可热固化和常温固化，但贮存期短。用三聚氰胺甲醛树脂制造的刨花板虽有较好的物理力学性能和较好的耐沸水、耐热和耐候性，但较脆易裂，不宜单独使用，常和其他树脂配合使用，用于生产改性树脂，制造性能较好的刨花板。

（4）异氰酸酯树脂。异氰酸酯树脂是四种生产刨花板胶黏剂中最贵的一种，是普通脲醛树脂胶价格的 4~5 倍，制成的刨花板性能和酚醛树脂刨花板相近，但施胶量低，固化时间短，且产品在生产和使用过程中没有游离甲醛释放。主要用来制造各种用途的无醛刨花板和模压制品。

我国橡胶木锯材中约有 80% 用于生产拼板，剩下的 20% 用作家具料、地板料等。因此，以聚醋酸乙烯酯及苯乙烯－丙烯酸酯两种乳液聚合体系为代表的木工胶用量巨大，但市场上有不少价格低廉的伪劣木工胶，常被部分厂商误用。判断木工胶优劣最直接的方法就是做测试、做比较，具体方法如下所述。

1. 看外观质量

优质的木工胶在保质期内外观均匀，胶体细腻无颗粒、无粗糙感。劣质木工胶经常出现表面水样分层或是底部大量泥巴状沉淀物，胶体有明显粗糙感，偶然出现少量水状物或少量沉淀属正常现象，如图 6-31 所示。

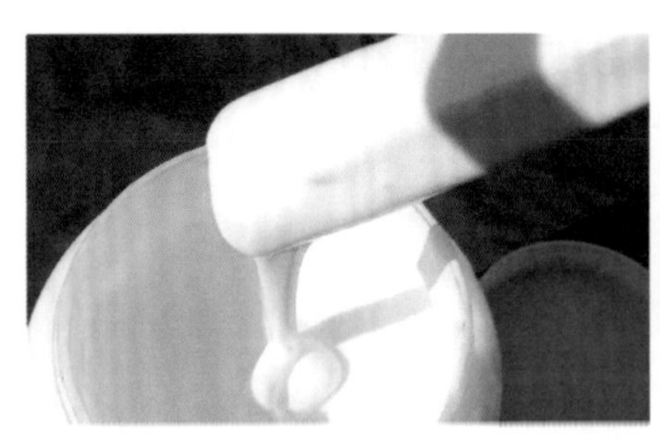

图 6-31 聚醋酸乙烯酯乳液胶黏剂

2. 看体积

木工胶主要由高分子聚合物、聚乙烯醇（PVA）、填充剂、助剂、水等组成。价格低廉的木工胶会使用少量高分子聚合物，用大量填充剂降低成本，因填充剂密度远大于聚合物密度，故相同质量时，劣质胶黏剂体积更小。胶黏剂涂刷是按体积用量计算的，体积越大，涂刷面积也会越大。填充剂越多，胶黏剂与交联剂反应后阻力越大，流平性变差，滚涂多次才能将木纹遮盖，涂胶量会明显加大。

3. 看黏稠度

不良商家为增加自身木工胶销量，或为了解决高填充剂沉淀问题，在木工胶里增加增稠剂，并向客户谎称黏稠度越高，填充效果越好，质量越好。事实上，水性木工胶基本上没有填充作用。拼板和组装面都要严丝合缝（缝隙不得超过 0.1mm），才能做出好产品。胶黏剂越黏稠，用得越多，部分胶黏剂与交联剂反应后增稠快，会加大胶黏剂用量，造成浪费，如图 6-32 所示。

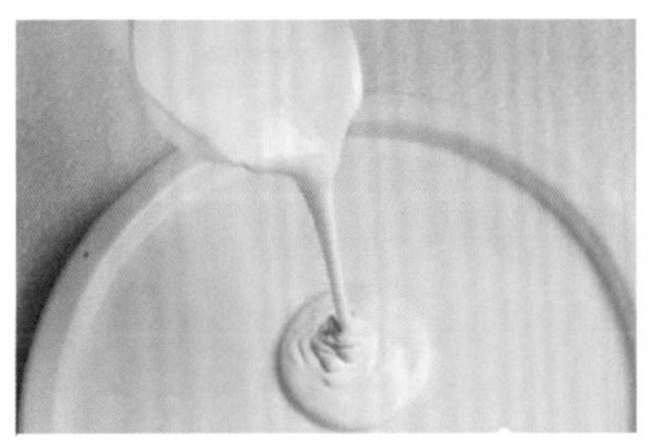

图 6-32 胶黏剂涂饰示意

4. 看涂胶厚度

优质木工胶涂胶阻力小，涂胶顺滑，基本可以一次滚涂到位，涂胶面平滑、湿润。

劣质白乳胶涂胶阻力大，需要反复滚涂，胶层叠加厚，不平滑、干涩。优质的组装或齿接胶易深入榫位或齿位，机器涂胶可以把齿轮间隙调整到比较小，不会出现漏涂现象，反之需把齿轮间隙调大，才能保证胶黏剂满布。

5. 测试用胶量

取同样质量的胶黏剂，比较实际涂胶面积大小，计算单位面积涂胶量。优质的拼板胶可以涂刷出更多的拼接面积，如图 6-33 所示。

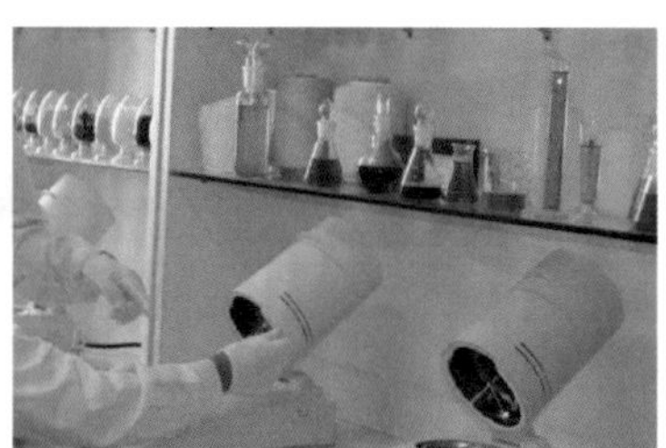

图 6-33 涂胶量

6. 检测固体含量

水性木工胶的有效固体含量由高分子聚合物的含量决定，不良商家会通过使用大量填充剂降低成本，提高固体含量，谎称固体含量越高，木工胶质量越好，而填充剂所产生的固体含量为假固体含量，因此，不能简单地通过固体含量的高低来判断木工胶的质量。

7. 检测耐水性、耐候性

密度越大的木材，在早晚湿度变化大的季节，指接拼板要经过水泡或水煮，再烘烤测试，否则拼接面易开裂，造成成本浪费。优质的木工胶所用高分子聚合物耐水、耐烘烤性能优异，所需原材料价格较高，其合成工艺复杂，加工成本高。耐水性、耐候性可以按日本 JAS 标准、欧洲 EN204/205D4 级标准和冷热循环测试来评估，如图 6-34 所示。

图 6-34 胶黏剂性能检测

8. 检测耐溶剂性

劣质木工胶耐溶剂性能不好。木制品特别是指接板喷涂油漆后，会因胶黏剂不耐溶剂，被溶胀，出现拼接缝或齿接位凹凸不平的现象。可将拼接好的板材放在天那水（香蕉水）里浸泡，看是否被溶胀，来判断木工胶的耐溶剂性。

9. 看环保指标

优质的木工胶使用的都是安全、无毒、环保型的原材料及防腐剂、增塑剂等辅料。通过查看胶黏剂具有哪些有价值的环保证书，例如有资质的国标检验报告、国家环境保护总局颁布的“中国环境标志产品认证证书”，验证其优劣。中国环境标志如图 6-35 所示。在选购时可向销售人员索取认证报告，根据证书编号通过官方渠道查询真伪，也可在生产用的胶黏剂中取部分样品委托第三方检测机构对其进行检测。

图 6-35　中国环境标志

二、胶黏剂的使用

木工胶具有极高的胶合强度。优质的橡胶木指接拼板用胶黏剂具有良好的耐水、耐热、耐溶剂性能，其主剂为具备优异防水效果的高分子聚合物，固化剂一般为异氰酸酯类。主剂为乳白色黏稠液体，固化剂为棕色液体。

1. 木材处理及环境温度

①控制木材含水率为 8%~12%，相邻拼接面水分之差小于 3%。

②保持表面平整，不能有波浪面或弯曲、扭曲面出现，对容易变形的木材，尤其是硬木，当天刨平的应当天黏结，过夜或放置时间较长的，黏结表面因吸附水分易产生变形，必须重新刨平；黏结面要与底面垂直。

③黏结前要先除尽木材表面的木灰、尘土，不要沾染油污。

④每一种木工胶都有最低使用温度限制，尤其是在冬季和秋冬换季时，低于该温度时会严重影响胶黏剂黏结强度。

2. 调胶

①按照胶黏剂：固化剂 =10：1.0~1.5（质量比）进行配比，根据木材密度、气温和湿度调整比例。固化剂配比一经确认，不能任意变动，否则会严重影响黏结强度和抗水性等关键性能。

②调配固化剂时，根据黏结板材量选择盛胶器具的大小，决定调胶的多少。在调胶器具中只能使用容积的二分之一调胶，否则会因化学反应起泡而溢出。

③最好选用平底圆形器具调胶，这种容器容易将固化剂搅拌均匀。

④不可以向胶黏剂中加水。

⑤调配了固化剂的黏结胶应在可操作时间内用完，在使用中产生气泡属正常现象。

⑥未用完的固化剂一定要密封存放，不能有水汽混入，以免造成化学反应而报废。

3. 涂胶

①可用自动涂胶机、手动涂胶机、涂料滚筒、鬃毛刷或橡胶刮刀均匀涂胶，施胶量一般控制在 200~250g/m^2。

②使用者要根据当天当时的温度和湿度决定涂胶量多少。温度低、湿度大（80% 以上）、木质软时，涂胶量要少；温度高、湿度小（40% 以下）、木质硬时，涂胶量要多一些。

③工件涂刷胶后要尽快黏结起来，防止胶体表面成膜，以免造成假黏结而极易开胶。

4. 加压

①无论采用哪种加压方式，都要保持约 30cm 一个压点的多点均匀加压。加压的时间控制要视工作现场的温度、空气湿度、木质硬度和工件大小而定。

②橡胶木板材施加压力范围在 1.0~1.2 MPa。

③加压中要注意防止木条抽出（不垂直和大小头最容易出现），如有抽出要松压复位，不能带压强行复位；看黏结缝有无连续均匀胶体溢出，如果无胶溢出则说明涂胶量不够或涂胶后待压时间太长，有此现象应立即纠正。加压检查工序不可忽视。

④常温固化需较长时间加压，高频固化根据各机器参数确定，加压时间仅几分钟。

5. 养生

工件卸压后木工胶只是初步固化，挤出胶黏剂略有硬化，均要有堆码养生过程。

根据不同木质，在不同气候条件下，设定养生时间段，确保下一道工序正常使用。在气温低、湿度高、木质硬的条件下堆码养生时，养生时间要求过夜或一天；在气温高、湿度低、木质软的条件下堆码养生时，养生时间 6~8 小时即可。

6. 余胶处理

调配了固化剂的胶黏剂在规定时间无法用完时，不得继续使用，否则会影响黏结质量。因此，应根据需要调胶，避免有余胶而造成浪费。因每一种胶黏剂特性有所不同，具体工艺参数应遵循厂家提供的产品说明书。

三、胶黏剂的使用注意事项

1. 春秋季用胶小贴士

春秋季用胶对木材含水率、胶黏剂配比、加压等方面的相关要求，见表 6-1。

表 6-1 春秋季用胶要求

项目	要求
含水率	严格检查木材含水率，应控制在 8%~12%，拼（齿）接面水分差值不超过 3%。
木材	木材当天过四面刨、刨机、修边机（打齿、开榫），当天拼接（齿接、入榫）。
拼板用胶交联剂配比	主剂：交联剂 =100：10~15，与主剂充分搅拌均匀，调配后胶体在 40min 内用完； 普通齿接用胶交联剂配比： 主剂：交联剂 =100：3~5，与主剂充分搅拌均匀，调配后胶体在 60min 内用完。
布胶	涂布均匀，确保端头部分或每一齿位、榫位胶体满覆盖。
开放时间	施胶后的拼接条应在 1~2min 内完成拼接；施胶后的齿接、榫接条应在 1min 内完成齿接、榫接。避免胶体固化成膜，否则易出现夹胶皮假贴合。
拼接加压	确保板材不打拱、夹烂 / 裂的情况下尽量紧压，使拼接面有胶体挤出。加压点均匀，加压点之间的距离在 40cm 内，距端头不超过 3~5cm。在齿接条上，确保每个齿位均有胶体挤出。
加压时间	拼接加压 60min 甚至更长时间，挤出胶黏剂表干、不粘手才能卸压。拼接面积厚大的、木材硬度大的要 2~4h 加压时间，甚至更长。
养生时间	卸压后养生至少 8h。用手指按压挤出胶线，胶线变硬方可进入下道工序。热弯加工必须 24h 以后进行。气温发生较大变化时，胶体的黏度会随之变化，对施胶可能有影响，但不影响胶体本身的质量，其黏结强度和黏结质量不会发生变化。
运输和储存	防止雨水灌入胶槽排气孔。交联剂应密封储存，防止水汽渗入而失效。

春季北方空气温度和湿度早晚与中午变化大，也有气温突降至10℃以下情况。南方会有全天天气潮湿（湿度大于80%）、温度略低情况。材料表面反复吸潮、失水，产生较大变形，平整度降低，胶黏剂固化速度较慢。此时，尤其要关注以下情况。

①待拼接木材水分查验要仔细，注意合格木材的防潮保管。

②木材刨好马上拼接，不要过夜。

③交联剂配比要比下限高，即比夏季用的交联剂多1%~2%，拼板不能超过上限100∶15，齿接胶不能超过上限100∶5。

④加压时间和养生时间要比温暖、干燥天气的时间适当延长，确保胶黏剂硬化充分。

⑤北方气温突降至10℃以下时，注意施胶环境要升至10℃以上，确保胶黏剂能够有效固化，产生黏结强度。

总之，木材水分控制及防回潮、平整度加工及时效、提高交联剂配比、延长加压和养生时间是该季节用胶的关键。

2. 夏季用胶小贴士

①交联剂配比要接近下限，不要低于下限。拼板胶交联剂下限：软木8%，中等密度硬木10%，硬木12%；齿接胶交联剂下限：3%，刨皮齿接13%。后序贴三聚氰胺纸、过UV光油以及接刨皮条等特殊工艺，交联剂比例不低于13%；特殊设备如高频机、连续机交联剂比例应根据设备参数调整。

②每次取胶量要少，保证30分钟用完效果最佳。严禁胶水超时使用。

③电风扇不要对着涂胶面吹，防止胶黏剂结皮假黏结。

④适当加大胶黏剂涂布量，可有效防止胶水结皮。

⑤因故障木材涂胶后结皮的，需重新刨过再拼接，不能在结皮上面涂胶直接拼接。

⑥缩短涂胶至加压的粘叠时间。

总之，降低交联剂配比、少量多次取胶、缩短开放时间是夏季用双组分木工胶的关键。

3. 冬季用胶小贴士

随着温度的降低，木工胶的使用会受到不同程度的影响。为保证产品质量，应注意预防，避免造成不必要的损失，冬季用胶要求见表6-2。

表6-2 冬季用胶要求

项目	要求
运输	在0℃以下运输时，一定要注意车内的保暖（如用棉被、草垫或保暖车厢），南北方冬季温差较大，特别是在跨省长途运输中容易遭遇突发极寒天气，因此，一定要确保运输车辆的保暖措施。如果气温下降至–5℃以下，保暖将失去作用，禁止运输。
储存	木工胶到仓库以后也要注意保暖，确保温度在5°C以上，最好在10°C以上，应随时监测室温，避免胶黏剂受冻，同时防止仓库通风失温。
使用	客户在施工操作时需注意，为确保胶黏剂的最佳黏结性能，低于10℃时最好升温施工，确保产品质量。低温操作时胶黏剂黏结性能只达到70%甚至更低，存在质量风险。在低温时，高固体含量的胶水同样会受冻失效。 ①在使用之前要充分搅匀，以保证桶内胶黏剂上下黏度一致。 ②基材应提前放置在10℃以上车间进行回温或预热，以免因温度低影响胶黏剂的渗透和成膜。如果温度过低，胶黏剂固化后会成白灰状，有此现象请提高环境温度及给基材充分回温。 ③高频机加工的，需要在夏天的基础上延长通电时间20~60s（根据环境温度、基材材质、基材厚度不同适当调整）。 ④需热压黏结时，加热时间较夏季略微延长。 ⑤黏结后的部件养生时间要相应延长，养生环境温度高于10℃。

注：受冻过的胶黏剂若发现产品有受冻或异常时不得销售和使用，应及时与厂家联系确认。

第三节 涂　　料

一、水性木器漆的选购

随着消费者的环保健康意识日益提高，消费者在室内装修中选择、使用水性木器漆的比例越来越高。水性木器漆的选购注意事项如下所述。

①产品外观。水性木器漆一般标注有水性或者水溶性字样，且在产品的使用说明中会标明可以直接加水进行稀释的字样。而假冒的水性木器漆则由于添加了溶剂成分，不能用水进行稀释。

②产品颜色。根据水性木器漆的生产工艺，一般水性木器漆都采用高分子改性乳液技术或水性聚氨酯分散体技术进行生产。以丙烯酸与聚氨酯的合成物为主要成分的水性木器漆，一般呈浅乳白色或半透明色；纯聚氨酯水性木器漆，一般呈半透明浅黄色。

③ 产品气味。无异味是水性木器漆最明显的特点，一般水性木器漆在开盖之后，散发出来的气味非常小，略带油脂芳香。而假冒的水性木器漆具有较强的刺激性味道，过期变质的水性木器漆则具有较明显的酸臭味道。

二、木制品油漆常见问题、原因和对策

1. 漆膜有针孔

漆膜针孔的现象、原因及对策见表 6-3。

表 6-3 漆膜针孔的现象、原因及对策

现象	原因	对策
在漆膜表面出现的一种凹陷透底的针尖细孔现象，孔径在 100μm 左右	板材表面处理不好，多木毛、木刺，填充困难	板材白坯要打磨平整，然后用“底得宝”封闭
	底层未完全干透就涂第二遍	多次施工时，重涂时间要间隔充分，待下层充分干燥后再涂第二遍
	配好的油漆没有静置一段时间，油漆黏度高，气泡没有消除	配好的油漆要静置一段时间，待气泡完全消除后再施工
	一次性施工过厚	一次性施工不要太厚，做到“薄刷多遍”，一般单层厚度不要超过 20μm
	固化剂、稀释剂配比错误	使用指定的固化剂和稀释剂，按指定的配比施工
	固化剂加入量过多	油漆的黏度要适合，不要太稠
	环境温度湿度高	不要在温度和湿度高时施工
	木材含水率高	施工前木材要干燥至一定含水率，一般为 10%~12%

2. 漆膜起泡

漆膜起泡的现象、原因及对策见表 6-4。

表 6-4 漆膜起泡的现象、原因及对策

现象	原因	对策
漆膜干后出现大小不等的凸起圆形泡，也叫鼓泡。起泡产生于被涂表面与漆膜之间，或两层漆膜之间	基材处理不合要求，如木材含水率较高，或未将松脂、木材本身含有的芳香油清除掉，当其自然挥发时导致起泡	木材应干燥至合适的含水率，除去木材中的芳香油或松脂
	油性或水性腻子未完全干燥或底层涂料未干时就涂饰面层涂料	应在腻子、底层涂料充分干燥后，再刷面层涂料
	木材的接合处及孔眼没有填实，有空隙口、孔眼等	应将木材接合处的空隙和木材孔眼用腻子填实，并打磨平整后再刷涂油漆
	油漆黏度过高	油漆的施工黏度要合适
	油漆配比不恰当	根据油漆类型和用途选择合适的配比
	刷涂时来回拖动刷子，产生的气泡没有消除	刷涂时不要来回拖动刷子，先横理，后竖理，最后顺木纹方向理直。对轻微的气泡，可待漆膜干透后，用水砂纸打磨平整，再补面漆。对气泡严重的，先挑破气泡，用砂纸仔细打磨平整并清理干净，然后再一层一层地按涂装工艺修补
	底材表面有油污、灰尘、水泡等，这些不洁物周围有水分	最好用干净的碎布清理基材表面的杂物，不要用手触摸，清理干净后的被涂表面，即可上涂料
	压缩机、空气管中有水分，或者有水溅到材料表面上	定期排出压缩机中水分，加装油水分离器
	大部分与针孔原因一样	参考针孔的对策

3. 漆膜发白

漆膜发白的现象、原因及对策见表 6-5。

表 6-5 漆膜发白的现象、原因及对策

现象	原因	对策
涂膜含有水分或其他液体，涂膜颜色比原来淡白，涂膜呈现白雾状	板材含水率过高，日久水分挥发积留于漆膜中导致发白	板材施工前要经过干燥处理，控制板材含水率在 12% 以下
	环境湿度过高	不要在湿度高时施工，如必须可加入适当慢干水

续表

现象	原因	对策
涂膜含有水分或其他液体，涂膜颜色比原来较淡白，涂膜呈现白雾状	施工表面、容器、油漆中混有水分	涂料、容器中不要混入水分
	稀释剂挥发太快	使用指定的稀释剂和固化剂
	底层漆膜中含有的水分没有清除干净	材料表面要清洁干净，不要有水分
	对于使用透明性较差的油漆，因为透明性问题发白	对于深色板材要选用透明性较好的油漆施工
	油漆施工过厚	油漆施工不要一次性厚涂
	固化剂配套错误，与油漆不相容而发白	底层涂膜的水要晾干，特别是用水磨时

4. 漆膜咬底

漆膜咬底的现象、原因及对策见表 6-6。

表 6-6　漆膜咬底的现象、原因及对策

现象	原因	对策
漆膜咬底是指上层涂料中的溶剂把底层漆膜软化、溶胀，导致底层漆膜的附着力变差，从而引发的起皮、揭底现象	底漆未完全干燥就涂面漆，面漆中的溶剂极易将底漆溶解软化，引起咬底	应待底层涂料完全干透后，再刷涂面层涂料
	刷涂面漆时操作不迅速，反复刷涂次数过多则产生咬底现象	刷涂溶剂性的涂料时，要技术熟练、操作准确、迅速，防止反复刷涂
	对于油脂性漆膜以及干性油改性的一些合成树脂漆膜未经高度氧化和聚合成膜之前，一旦与强溶剂相遇，底漆漆膜就会被侵蚀。如底漆用酚醛漆，面漆使用硝基漆，则硝基漆中的溶剂就会把油性酚醛漆咬起，并与原附着基层分开	底层涂料和面层涂料应配套使用
	前一道涂层固化剂用量不够，交联不充分	对于严重的咬底现象，需将涂层铲除干净，待基层干燥后再选用同一品种的涂料进行刷涂

5. 漆膜颗粒

漆膜颗粒的现象、原因及对策见表 6-7。

表 6-7 漆膜颗粒的现象、原因及对策

现象	原因	对策
涂膜表面附着灰尘、飞絮、异物等	有灰尘、砂粒等杂物混入涂料中	调配好的涂料在刷涂前，必须经过滤布过滤，以除去杂物
	调配漆料时，产生的气泡在漆液内未经散尽即施工，尤其是在寒冷天气容易出现气泡散不开的现象，使漆膜干燥后表面变粗糙	漆油调配好后，应静置 10~20min，待气泡消除后再使用
	施工环境不洁，有灰尘、砂粒飘落于涂料中，或油刷等刷涂工具粘有杂物	刮风天气或尘土飞扬的场所不宜进行施工，刚刷涂完的油漆要防尘土污染
	基层处理不合要求，打磨不光滑，灰尘、砂粒未清除干净	基层不平处应用腻子填平，再用砂纸打磨光滑，擦去粉尘后再刷涂涂料
	稀释剂使用不当，溶解力差，不能完全溶解涂料，引起颗粒	使用配套的稀释剂和固化剂
	固化剂使用不当，与油漆不相容，引起颗粒	涂膜表面已产生粗糙现象，可用砂纸打磨光滑，再刷一遍面漆。对于高级装修，可用砂纸或砂蜡打磨平整，最后打上光蜡，抛光、抛亮

6. 漆膜离油

漆膜离油的现象、原因及对策见表 6-8。

表 6-8 漆膜离油的现象、原因及对策

现象	原因	对策
漆膜离油是指涂膜表面上出现局部收缩，似水洒在蜡纸上，斑点露出底层的花脸状现象，又称鱼眼、发笑、缩孔等	被涂物有水分、油分或油性蜡等	被涂物避免污染，且需要打磨彻底
	空气压缩机及管道带有水分油污	使用油水分离器，并定期排水，2 小时一次
	工作环境被污染，喷涂设施及喷涂工具不洁	作业场所、器具避免污染油污、蜡等，衣物、擦拭布被污染应清洗清洁后，才可接触作业物，施工中注意不要让杂物掉入漆桶。保持设施、调漆罐、工具洁净

续表

现象	原因	对策
漆膜离油是指涂膜表面上出现局部收缩，似水洒在蜡纸上，斑点露出底层的花脸状现象，又称鱼眼、发笑、缩孔等	油漆中不小心混入水、油等不洁物	旧涂膜在涂漆前用溶剂擦拭干净并打磨彻底后再予以施工
	擅自加入消泡剂等化学物品	不要擅自加入其他化学物品
	环境里溶剂蒸汽含量高，通风不良	如在刷涂时发现有“发笑”现象，应立即停刷，并用溶剂将“发笑”部分洗净，待表面干后，重新刷涂一遍涂料

7. 不干或慢干

漆膜不干或慢干的现象、原因及对策见表 6-9。

表 6-9 漆膜不干或慢干的现象、原因及对策

现象	原因	对策
涂膜经过一段时间后，仍未干，不硬化	被涂面含有水分	待水分完全干后再喷涂
	固化剂加入量太少或忘记加固化剂	按比例加固化剂调漆
	使用含水、含醇高的稀释剂	使用厂家提供的配套稀释剂
	温度过低，湿度太大，未达干燥条件	在正常室温内喷涂
	一次涂膜过厚或层间间隔时间短	两次或多次施工，延长层与层之间施工时间，涂面若无法干燥，则应将涂层铲去或用布沾丙酮清洗掉

8. 漆膜失光

漆膜失光的现象、原因及对策见表 6-10。

表 6-10 漆膜失光的现象、原因及对策

现象	原因	对策
涂膜成雾状不能获得预期的光泽	被涂物表面粗糙多孔，吸油量大	选择好板材，或先刷 1~2 遍“底得宝”（封闭漆）封闭木眼，刮腻子填补缝隙，并打磨平整
	稀释剂加入量太多，油漆喷涂量太少	控制适当的涂料黏度，以正确的方法喷涂适量漆液
	排气不良，喷涂漆雾落在已喷好的膜面上	保持良好的排气

续表

现象	原因	对策
涂膜成雾状不能获得预期的光泽	选用沸点低的稀释剂，挥发干燥过快	选用厂家提供的配套稀释剂，或添加挥发慢的溶剂
	抛光的涂装，未充分干燥即打磨抛光，或抛光蜡太粗	待漆膜完全干燥后才可进行抛光，并选择蜡的细度
	施工环境温度太高，湿度太大，溶剂挥发太快，漆膜白化	确保合适的涂装作业温湿度，适当加入防白水等慢干溶剂
	打磨粗糙，或选用粗砂纸打磨，有砂眼	选用较细的砂纸仔细打磨
	被涂物表面附着灰尘，漆粉未清除	清理干净被涂物面
	油漆加入固化剂后放置时间太长	调好油漆后应尽快在4小时内施工完

9. 漆膜流挂

漆膜流挂的现象、原因及对策见表6-11。

表6-11 漆膜流挂的现象、原因及对策

现象	原因	对策
在被涂面上或线角的凹槽处，涂料产生流淌，导致漆膜厚薄不均，严重者如漆幕下垂，轻者如串珠泪痕的现象	稀释剂过量，使黏度低于正常施工要求，漆料不能附在物体表面，下坠流淌	选用优良的油漆材料和适量的稀释剂
	施工场所温度太低，涂料干燥速度过慢，而且在成膜中流动性较大	保证施工环境温度和湿度适宜
	选用的漆刷太大，毛太长、太软或刷油时蘸油太多，刷漆太多，使漆面厚薄不一，较厚处易流淌	选用的漆刷、刷毛要有弹性，根粗而梢细，鬃厚而口齐。油刷蘸油应少蘸勤蘸
	刷涂面凸凹不平或物体的棱角、转角、线角的凹槽处，容易造成刷涂不均、厚薄不一，较厚处易流淌	在施工中应尽量使基层平整，磨去棱角。刷涂时，用力刷匀，先竖刷，后横刷，不要横涂乱抹。在线角、棱角处要用油刷轻轻接一下，将多余的油漆蘸起顺开，以免漆膜过厚而流淌
	被刷涂表面不洁，有油、水等污物，刷涂后不能很好地附着而流淌	应选择涂料的配套稀释剂
		彻底清理干净被涂表面的磨屑、油、水等杂物
		当漆膜未完全干燥，在一个边或一个面部分油漆流坠时，可用铲刀将多余的油漆铲除后，再涂刷一遍。如漆膜已完全干燥，对于轻散的流坠，可用砂纸磨平；对于大面积流坠，可用水砂纸磨平

第七章

橡胶木流通现状与趋势

橡胶木及其制品流通是指连接上游橡胶木及制品生产企业和下游经销商以及终端客户，通过流通过程中的交易差价及提供增值服务获取利润的经营活动，主要包括橡胶木木材及其制品的收购、调运、再加工、储存和销售等环节。合理的橡胶木及制品流通可以使产品以最短的时间和最少的花费从生产领域进入消费领域，加快橡胶木生产经营企业乃至整个行业的资金周转速度，促进橡胶木资源的合理采伐、合理制材和合理使用，并在贮运过程中保持橡胶木及制品的优良性状，提高产品的使用价值和经济价值。

第一节　流通现状

一、橡胶木流通现状

橡胶木流通是由原木供应、原木加工、原材料采购、半成品生产制造、成品制造、成品分销零售及最终用户构成的复杂网络。其中包含从林区采伐、装卸、仓储到原木加工厂加工处理，到指接板、刨花板、胶合板等半成品生产工厂，经过运输储存，到各地区木材市场，再到家具、木门、卫浴柜、定制家居制造企业，再次经过运输储存，到建材市场，最后到达客户手中，其间完成各种产品分销零售以及各环节物流的整个过程。在这个过程中发生了大量资金流、物流、信息流的交互。

橡胶木营林企业：对森林的管理采取分区块的方式，不同区块有不同种类的树，通过采伐作业将砍伐的林木成堆摆放在采伐区域，通过装卸作业将林木存储到采伐区仓库或者装卸到林区附近的公路边，再通过卡车运出林区，运往原木加工厂。在此过程中，需要解决采伐规划问题，如采伐区的选择、现有库存量、可采伐数量、林区的运输能力等。

橡胶木原木加工企业：向营林企业购买原木加工成不同规格的锯材，在此过程中也产生了木片等副产品。此过程主要分为锯木、改良、干燥三个步骤。物流配送中心是橡胶木原材料的承运商，主要根据客户需要，按时完成对橡胶木锯材的配送运输。根据客户不同，可能涉及海运、铁路运输、公路运输等运输方式。

橡胶木生产企业包括两部分：①橡胶木半成品生产企业，如指接板、家具辅件、刨花板、胶合板、改性木等；②成品生产企业，包括家具制造、木门制造、卫浴柜、定制家居等企业。两者都与买家订立价格、数量以及交货期，尽管必须满足合同的要求，但由于在交货期内可能发生缺货，合同中供应方也保留延迟部分数量交货的权利，这些未被满足的数量将在下一个需求周期内得到满足。地区性的木材交易市场，生产实体在满足合同用户需求之后还存在多余时，这些多余部分可以被配送实体运输至有需求的企业或市场。

橡胶木流通有其自身的特点。不同于产品结构单一的传统制造业，橡胶木木材供应链产品更加发散，原木经处理可以生产木板、锯材、木屑等，以此生产胶合板、刨花板、指接材、家具等产品；针对流通中的制造环节而言，橡胶木原材料多样，但木材供应链是庞大且复杂的系统，不同流程环节都有亟待解决的规划管理问题。图 7-1 至图 7-3 展示的是不同环节橡胶木及其制品流通形式。

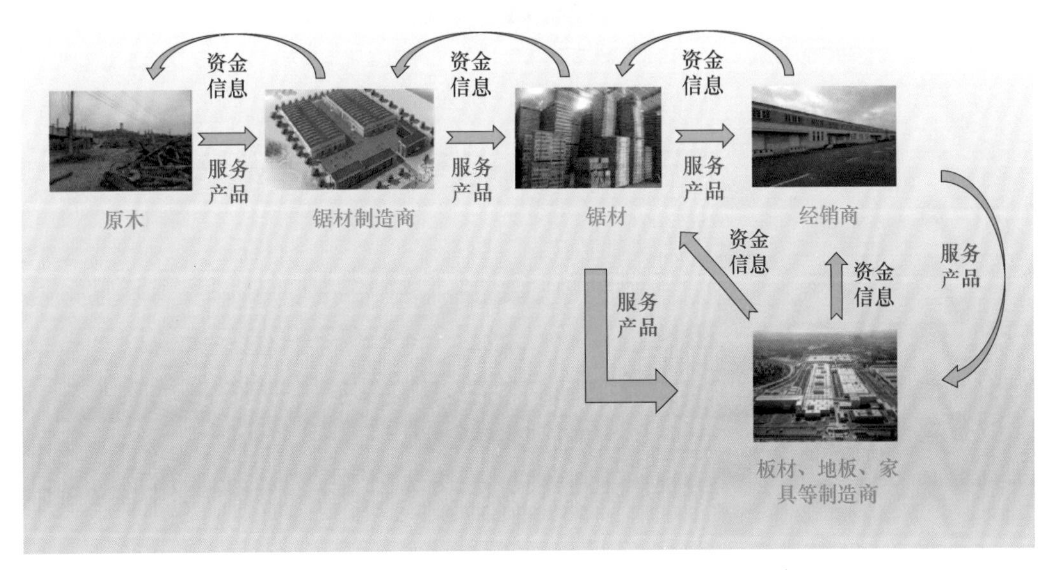

图 7-1 常见橡胶木原木—锯材—板材流通形式

二、进口橡胶木的流通

1. 进口橡胶木的流通概况

进口橡胶木的流通主要包括锯材、刨花板、胶合板、薄木皮、家具辅件等半成品。我国对橡胶木进口依存度非常高，进口量约占 80%，主要从泰国、马来西亚、印尼、越南及非洲等国家和地区进口。2012—2020 年，我国进口泰国产橡胶木锯材约占 88%，名列第 1 位；进口马来西亚橡胶木锯材占 5%，名列第 2 位；进口越南橡胶木锯材占 4%，名列第 3 位，如图 7-4 所示。

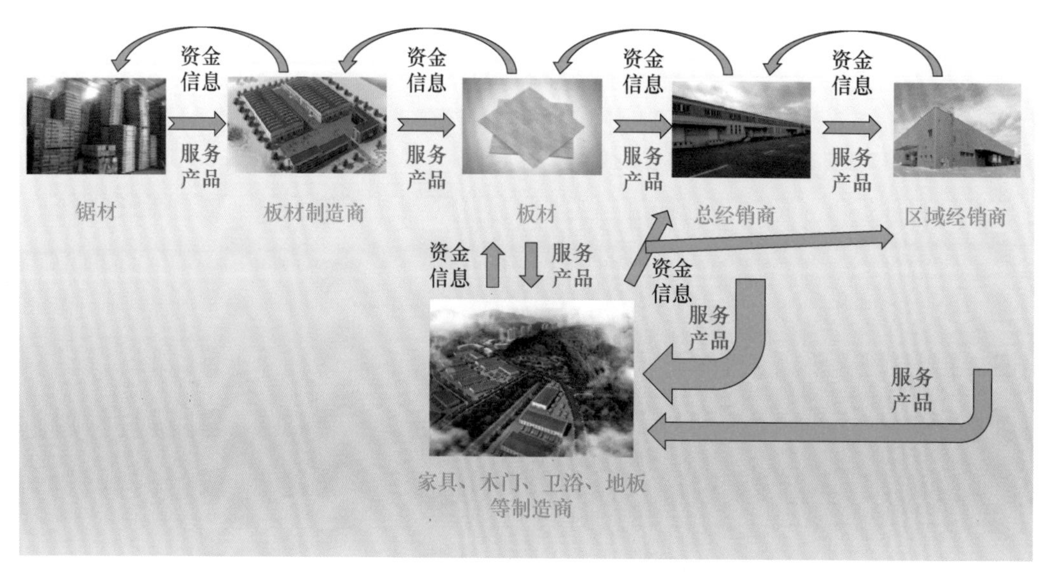

图 7-2　常见橡胶木锯材—板材—家具、木门、卫浴流通形式

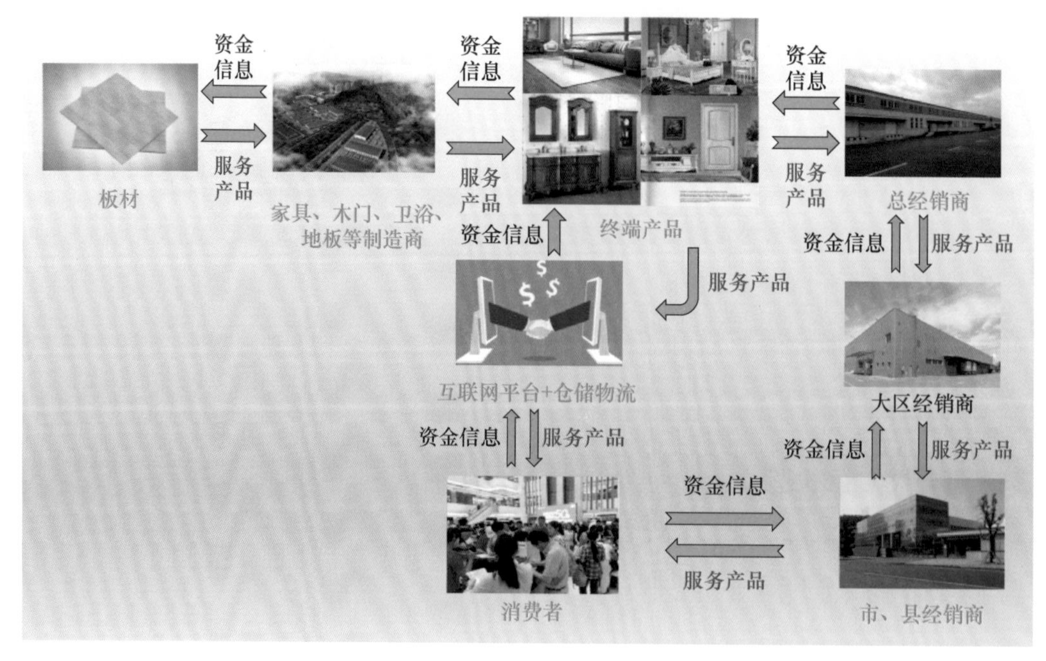

图 7-3　常见橡胶木板材—家具、木门、卫浴—终端消费者流通形式

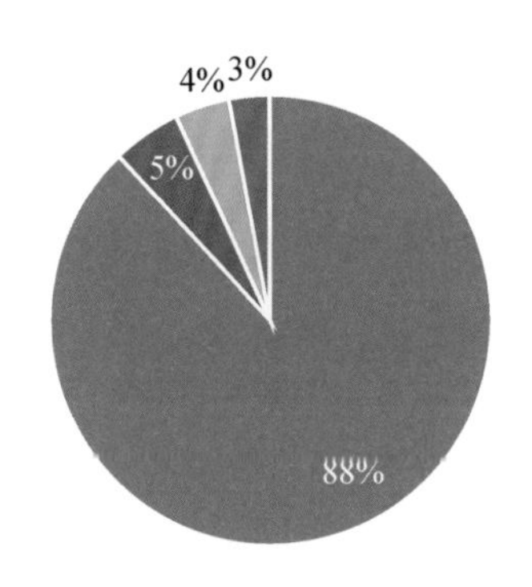

图 7-4 橡胶木进口量各国占比

2012—2020 年，我国一般贸易项下进口橡胶木锯材共约 3000 万立方米，其中，广东口岸进口量约占总进口量的 82%。就具体口岸而言，佛山进口约占 50%，名列第 1 位；深圳进口约占总量的 18%，名列第 2 位；宁波进口约占总量的 8%，名列第 3 位，如图 7-5 所示。

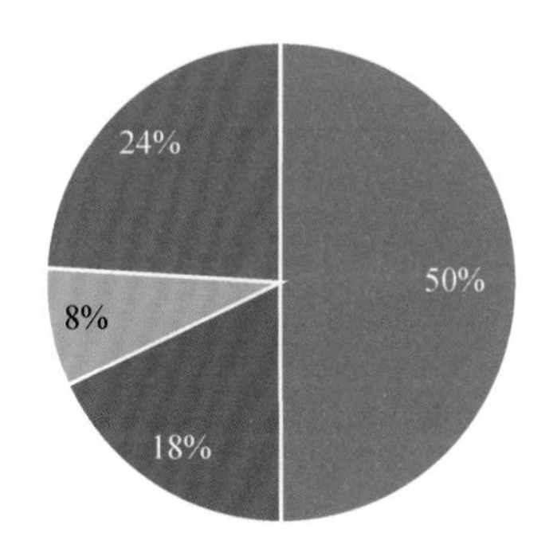

图 7-5 橡胶木进口量各港口占比

我国进口橡胶木主要以海运的方式运输到国内，其中，泰国地区的橡胶木及其制品通过内陆汽运到该地区港口装船，然后运送至马来西亚槟城港换大船，再经马六甲海峡至新加坡，通过南海运送至中国香港，到达香港后换成小吨位货船到其他各个港口。马来西亚西部地区橡胶木及其制品可直接运送至槟城港，再经马六甲运送至新加坡，经过中国南海运送至中国香港。

印度尼西亚橡胶木制品主要通过雅加达港口，途径爪哇海，通过中国南海直接到达中国香港，再由香港处换成小船到其他各个港口。

非洲南部地区的橡胶木制品主要通过开普敦港，途经印度洋，到达雅加达港，再经过爪哇海、中国南海抵达中国香港。而非洲北部地区橡胶木制品主要通过亚丁湾，途经印度洋及马六甲海峡抵达新加坡，再经过中国南海抵达中国香港。

缅甸、老挝、泰国北部的橡胶木制品也可通过货运铁路等方式运输到中国境内，先抵达中国云南，再由云南运送至其他地区。

泰国橡胶木在流通过程中，行业存在“让尺”的商业惯例，一般为“经窑干的橡胶木锯材厚度附送不超过5cm”。但随着我国进口量的不断增长，价格天平倒向进口商。出口商为迎合我国进口商的要求，锯材偏差较大，加工余量（附送）越来越多，商业惯例被打破，失去了统一性，给海关估价工作带来了困难：一是海关查验可以测量橡胶木方具体尺寸，但无法丈量出哪一部分属于“让尺”。因此，“让尺”成为海关监管难点和企业利润空间。二是“让尺”幅度不确定、不恒定，导致海关估价要素的不确定，从而产生海关估价执法不统一等问题。例如，某海关要求企业按实际到港体积申报，即申报单价 = 申报总价 ÷（申报体积 + 让尺体积）；另一海关申报单价则不包括让尺体积，即申报单价 = 申报总价 ÷ 申报体积。这两种不同做法，对海关估价产生了一定影响，引发货物向海关估价偏低的海关流动，从而影响其通关速度。

从2014年开始，我国进口橡胶木方的海关统计标准发生了变化，即第一统计单位由“m^3”变为“kg”。这一变化使海关估价工作产生了困难：一是直接导致2014年以前的海关参考价格失去了参考价值，使海关估价工作因缺少必要的参考资料而困难重重。二是海关参考价格资料的收集遇到了困难。这是因为橡胶木方的国内外市场价格，都是以“体积”为单位来计量的，而非以“重量”为单位，所以海关难以收集到有效的参考价格。三是“重量”与“体积”折算存在不确定性。这是因为，橡胶木方含水率、原产地等因素不同，其平均比重不是一个固定数值，“重量”与“体积”之间不能进行简单折算，市场价格难以转化为海关估价所需要的参考价格。

2020年，泰国橡胶木锯材的价格在1500~2500元人民币 / 立方米不等（根据尺寸大小、外观决定）。泰国橡胶木锯材到中国都有附送，一般在1.3~1.8倍，例如，泰国出口1立方米木材到中国可能就是1.8立方米。因此，在统计比例的时候一定要进行换算。再例如，2017年中国海关统计泰国橡胶木进口量为482万立方米，而泰国统计给出的数据为出口中国300万立方米左右，这并不是两者统计错误，而是附送的问题。锯材干燥、储存后打包装入货柜，一般通用的货柜可运输近40立方米的木材（与干燥窑容积相近），货柜经过汽车运输和海上运输到中国清关，清关费用一个货柜为16500元，约412元 / 立方米。

2. 橡胶木进口报关流程

橡胶木及制品进口报关流程指木材经营者进口木材所需的通关、报关等手续流程。现阶段多数木业公司的报关手续一般都由报关行或报关专业公司代为办理。报关企业是指按照规定经海关准予注册登记，接受进出口货物收发货人的委托，双方签订委托代理合同，以进出口货物收发货人名义或者以自己的名义，向海关办理代理报关业务，从事报关服务的境内企业法人。橡胶木具体报关流程一般如下：

（1）贸易确定，确认橡胶木的海关编码及进口关税税率（表 7-1），选择清关口岸，跟代理清关公司签订协议。

（2）要求国外发货单位提供原产地证明、材种名称、熏蒸证明、植检证、码单、商业发票、装箱单、合同及海运提单等相关材料。

（3）选择租船公司，订舱后安排海运发货。

（4）进口报检。提供报检委托书，检查资料是否齐全且准确，注意木材植检证和产地证上的资料是否一致，如果产地证和植检证错误或者没有可以申请熏蒸，商检计费完成后办理通关。

（5）进口报关。提供提货单、通关单、装箱单、发票、合同、报关委托书等资料，向海关发送，海关审单，报关资料通过后向海关递单。海关出具税单后，安排缴税。

（6）拿放行条去船司打提柜单，结清所有的相关费用，需要交押金的缴纳押金，拖车提柜送货。

表 7-1 海关编码及进口关税税率

产品名称	海关编码	关税（%）	增值税（%）	备注
橡胶木锯材	44072990	0	13	
橡胶木单板	44083919	0 （中国—东盟自由贸易协定税率）	13	厚度≤6mm 饰面用
橡胶木单板	44083920	0 （中国—东盟自由贸易协定税率）	13	每层厚度≤6mm 胶合板用
普通刨花板	44101100	1	13	

三、橡胶木及制品的流通特点

1. 流通渠道的多元化

流通渠道是指从生产领域向消费领域转移过程中所经过的路线，由生产者、流通者和消费者组成。随着我国社会主义市场经济体制的不断完善，社会分工不断明确以及对外开放程度的不断加深，橡胶木行业现已形成国有经济、集体经济、股份制经济、中外合资经济、个体私营经济等经济形式共存的木材流通渠道。

2. 市场结构的竞争性

目前，我国已建立了包含批发市场、零售市场、有形市场、无形市场、现货市场的橡胶木及制品市场体系，呈现多元竞争格局。其中，橡胶木及制品零售业态涵盖专卖店、专业木材市场、大型木材集散中心、线上专卖等。

3. 流通形式的多样化

橡胶木及制品直接流通和间接流通形式齐头并进，会展、电子商务等现代流通形式融入橡胶木及制品流通。直接流通作为一种直达供货形式，可有效降低交易成本；间接流通则发挥了集中、平衡和扩散功能，可解决橡胶木生产的单一性和消费多样性的矛盾。电子商务具有传递快、范围广的优点，可缩短业务流程，节省工作时间。

4. 橡胶木锯材及半成品供需传导存在放大效应

在橡胶木锯材及半成品多级分销体系中，每一级经销商会通过变动价格来应对自己面临的信息匹配成本与信息错配产生的不确定性风险。最终，整个流通体系共同承担了较高的信息成本。供应链中著名的“牛鞭效应”可以解释这一现象——终端消费者需求的小幅波动，在向供应商传导的过程中被逐级放大，最终供应商面对的是大幅波动的库存水平。层级越多，放大效应越强。多级分销体系在“牛鞭效应”的影响下，使经销商面临较大的信息错配风险，也会给行业带来较大的价格波动性，不利于行业稳定和可持续发展，如图 7-6 所示。

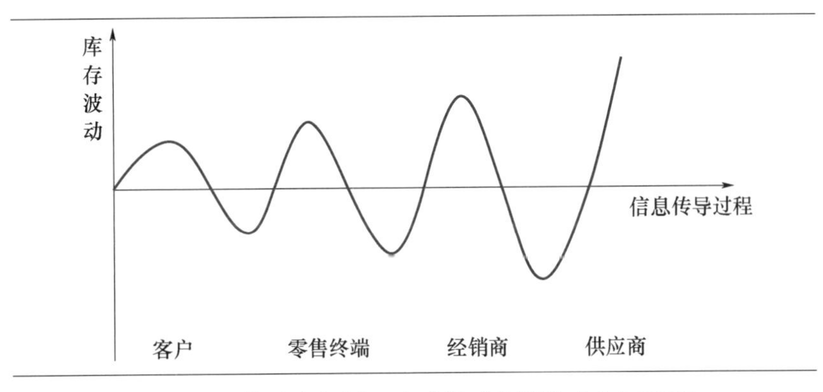

图 7-6 橡胶木锯材及半成品“牛鞭效应”示意图

四、橡胶木锯材及半成品流通市场形式及流通模式

1. 市场形式

木材市场，广义是指木材交换关系的总和，狭义可指木材商品交换的场所。其形式与木材生产、消费条件密切相关，主要受森林资源分布、木材自然流向和木材产地、进口口岸向消费者转运条件等因素影响。现阶段，我国橡胶木锯材及半成品市场类型包括一级市场、二级市场和三级市场，一、二级市场主要从事批发，三级市场以零售为主。

一级市场，也称产地木材市场，属初级市场。主要任务是将分散的木材集中起来，按照木材自然流向将木材运转到木材集散中心市场，再中转分拨给广大销区。对于进口材来说，主要的进口口岸即为一级市场。我国橡胶木锯材及半成品一级市场主要在云南、海南各大产橡胶树的农垦地区以及佛山、赣州、深圳、宁波、大连等木材口岸。

二级市场是木材集散地中心市场，连接产地橡胶木市场和销地橡胶木市场，一般设在省会城市（如西安、成都、重庆、武汉等）或交通枢纽（如绥芬河、满洲里、张家港、赣州等），便于组织木材运输，向全国各地分流资源，这些地区也是发展木材综合利用的重要基地。我国橡胶木二级市场主要在海南儋州，广东东莞、深圳，江苏张家港，江西赣州，四川成都，重庆等地区的木材集散中心。

三级市场为木材销地市场，指位于大型木材集散地附近或大中型木材消费城市的木材零售市场，是木材流通的最终环节。在大中型城市中，三级市场主要有摊位式、专卖店形式。橡胶木及半成品三级市场主要有广东鱼珠木材市场、佛山水藤木材市场、江西鱼珠木材市场、东莞及嘉善东方兴业城木材市场等。

2. 流通模式

我国流通的橡胶木木材绝大部分以锯材形式进入市场，基本在产材地区就地加工成锯材。海运进口的橡胶木多为锯材及人造板。到岸后，以汽运、船运、铁路形式转运至二级市场。佛山地区很多大型橡胶木加工企业在港口购材后，直接运回厂内自行加工。

我国橡胶木锯材及半成品运输方式有陆路运输（公路和铁路）和水路运输（内河和海运）。公路运输是陆路运输的主要方式，公路集装箱运输主要集中在有木材的内陆口岸地区；我国铁路运输网密度东部最高，中部次之，西部最低，但在木材铁路集装箱运输方面，中西部表现出后来居上的趋势。此外，我国拥有 11 万千米的内河航道和 1.8 万千米的海岸线，建有千余个沿海沿江商港，水运行业发展迅速。

五、橡胶木成品流通市场形式及模式

1. 市场形式

橡胶木成品流通主要有四种市场形式。第一种为集市贸易型。这种模式出现在我国刚实行改革开放、经济开始起步时期，消费者对家居产品需求快速增长。一些商家自发汇集到固定路段，以路边摊的形式扎堆经营，销售家具或建材，形成集市贸易型市场。第二种为专业批发市场型。针对路边摊混乱经营的状况，政府和企业建立了各自的专业批发市场。该阶段经营形成了一定规模，但整体市场功能单一、交易效率不高，假冒伪劣等情况层出不穷。第三种为连锁经营型。此形式能扩大经营规模，提高经营效益，一些企业开始布局连锁经营，采用“市场化经营、商场化管理”的经营模式。此连锁经营模式发展迅速，购物环境和管理服务有所提升。但是，整体市场秩序、流通效率和消费者购物体验仍有待提高。第四种为混合经营形式。市场通过横向连接产业全链条的工厂、物流商、流通平台和消费者，提供集成化、高效的信息化服务平台，再以统一物流配送、正品防伪追溯和信用体系建设为核心，依托支付、标准化、消费金融等创新应用，全面提升流通供应链的整体效率，最后以线上线下一体化为核心，全面提升消费者购物体验，引导激活消费升级。该模式依托整体供应链的打造，进一步提升品牌工厂、经销商以及物流承运商的整体效率，降低成本。针对日益庞大的中产阶级群体，可以提供更具个性化、便捷化、绿色的商品与服务，进而衍生出 F2C（Factory to Customer，从厂商到消费者的电子商务模式）和 C2B（Customer to Business，消费者到企业）的经营模式，进一步推动产业升级。

2. 流通模式

橡胶木成品企业规模分散，资本逐步集中，行业整合加剧。我国橡胶木成品行业是典型的“大行业、小企业”，当前行业发展日趋成熟，但企业两极分化严重，10 亿元以上规模的企业屈指可数。基于资本青睐、消费需求升级、房地产行情走弱以及总体经济形势欠佳的市场环境，行业将加速整合：一方面，通过收购、兼并、整合，行业龙头企业规模快速扩张，大者愈大；另一方面，产业融合正在成为一种潮流，房地产、家装、家电、建材、林产工业、软件互联网企业等，都在逐步向家居领域渗透融合。

从批发到零售的商业模式转型：越来越多的企业致力于提升零售业绩，逐步改变订货、铺货、压货、指标考核等传统商业模式，将企业经营的着力点聚焦于消费者需求、终端零售数据、消费者体验等，以消费者需求为导向，由此带来企业在产品研发、商品管理、市场策略、供应策略、库存策略等方面的全方位优化，驱动整个价值链上所有节点快速、精准、高效地运转。

从单一渠道到全渠道转型：在批发向零售转型的导向下，橡胶木成品企业渠道越来越趋向于多元化，其本质是通过多元渠道甚至是全渠道经营，更加全面、便捷地接触和服务消费者。主要渠道包括连锁家居商场、加盟店、综合家居店、直营店、独立大店、建材超市、家居生活馆、天猫京东等网上平台、自建线上商城等多种形态。随着橡胶木成品企业的竞争日趋激烈，电商化、线上线下一体化等成为普遍共识和大势所趋，企业的销售渠道从单一渠道逐步走向全渠道经营，通过渠道的展开、对市场高密度渗透、渠道间协同引流等方式抢占先机。

六、橡胶木供应链与物流

1. 橡胶木供应链与物流痛点

橡胶木及其制品多领域、多元化发展极大地提高了行业供应链与物流的复杂度，同时对其流通品质、时效性、经济性、服务体验等提出了更高的要求，使得行业供应链面临极大的挑战，橡胶木及制品企业长期面临交付周期长、交付满意度低、库存高的困扰。行业供应链与物流存在的问题主要体现在以下几个方面：

①企业普遍缺少供应链思维，没有认识到供应链发展对企业发展的重要性，即便是龙头企业也缺少符合企业发展要求的供应链系统能力；

②传统的、长期以订货会为导向的批发模式，使得整条供应链冗荷不堪，无法适应新时代以消费者为中心的诉求；

③企业供应链纵深长，规模性企业一般涉及从原材料供应到终端消费者服务的整个链条，供应链复杂度高；

④消费者个性化需求越来越强，导致供应链推拉结合点不断向供应端后移，要求企业的供应链体系具有非常强的管控能力和柔性能力；

⑤供应链在产品设计、生产工艺、包装防护、施工保障、售后周期等方面的基础能力不足，导致交付能力低、服务效率低、消费者体验差；

⑥分段式、功能性物流使得过程资源分散，物流和仓储管理水平低，物流环节装运规范性差、配套发货能力不足、多次中转造成的高运损高成本、运输在途管理缺失、错漏和串货等问题普遍存在。

2. 橡胶木供应链与物流发展趋势

行业竞争的本质是供应链的竞争，供应链运营能力将是企业不可或缺的核心竞争力和战略制高点。第一，要实现供应链的优化配置与整合，就要在企业战略、愿景和价值观的基础之上，建立供应链战略与发展策略，明确供应链的定位和作用，并以此引导未来几年的持续变革和改善。第二，供应链的改革几乎涵盖了企业所有业务，牵一发而动全身。供应链的改革是一项系统工程，必然需要有系统思维、系统规划、最高层的首肯和推动，才有可能推动大量跨部门、系统性的协同工作，这就要求企业具备坚定的战略坚持精神。第三，组织能力和绩效体系决定了供应链变革推动的有效性，随着供应链的范畴、深度、广度的不断变化，其组织和绩效体系也需要同步创新，以此形成变革的合力。第四，充足、有效的供应链人才是供应链变革得以成功的根本保障，在变革之初以及变革过程中，企业始终要不遗余力地引入、储备、培养包括供应链规划、运营、计划、采购、生产、物流、供应链信息化等方面的人才。第五，实现供应链全程信息共享、可视与透明是供应链变革的重点。要做到产品全程可视化、流程处理可视化、应用可视化、物料管理可视化、物流过程可视化、存货管理可视化、服务可视化等，必然需要强有力的信息化能力作为支撑。

橡胶木及其制品企业供应链从产品企划开始到接单供应，再到交付安装结束，供应链链条长、时间长、浪费大、异常多，供应链管理水平最终决定了顾客体验和品牌口碑，越来越多的企业开始聚焦供应链、物流的变革和提升，提高供应链效率和物流品质，降低供应链总体成本，缩短交期并提高承诺准交水平，更为重要的是，通过打造一个集成的、协同的供应链管理体系来提升供应链运营能力，是支撑企业进一步丰富品类、创新渠道、扩大规模、持续降低成本和提高服务水平的必经之路。橡胶木及其制品供应链有以下发展趋势。

①从狭义的供应链向广义的供应链转型。近几年，家居行业在供应链一体化管理方面颇有建树，宜家家居、顾家家居、欧派家居、索菲亚、罗莱家纺等行业龙头企业，正在不遗余力地打造企业供应链核心能力，并且取得了不俗的成绩。基于消费者需求导向、全屋整体家居、零售转型和全渠道经营等发展趋势，引领行业供应链逐步向广义供应链体系转型，通过传统狭义供应链优化以获得稳定、精准、快速的供应能力的同时，在更为广泛的层面实现产品、需求、供应、销售、渠道等方面的协同。

②打造以客户需求为导向的端到端协同供应链体系。在研发、采购、生产、设计、工程、仓储物流、配送、安装、售后维护的整个供应链条中，面向终端客户快速、准确交付的要求始终贯穿整个供应链。因此，企业应当以满足客户交付需求为主线，展开供应链体系、流程、规则的整体设计，依托先进的信息技术，搭建端到端联通、一体化协同的供应链运营管理体系。

③打造服务型供应链。企业通过掌控供应链节奏开展延展服务，能够为供应链上的合作伙伴创造价值，为消费者提供良好体验，也就能获得供应链的优势和收益。服务型供应链首先是服务消费者。橡胶木成品行业供应链端到端的链条长、节点多，而且顾客越来越多地希望能够参与到自己家居环境和品位的打造过程中，每一个节点上的差错都可能导致顾客的不良体验，而每一个节点所体现出来的对客户的尊重、主动的沟通和关心、共同参与产品的创造与研发、订单履行过程的透明化、交付及售后的快速响应能力、订单变更的灵活性等，都能带来顾客良好的体验及企业口碑的传播，有利于企业在市场竞争中脱颖而出并获得更为广阔的市场空间，而这种全过程服务水平，必须依托于以客户需求为导向的端到端协同供应链体系才能得以实现。服务型供应链还要强调对合作伙伴的服务。得益于在供应链上的链主地位，企业能够借助其供应链信息系统及体系能力，帮助广大供应商、经销商提高供应链运营效率，降低供应链库存，减少供应链过程中的浪费，通过供应链金融服务降低资金风险，通过物流整合释放经销商资源等，以实现供应链系统成本的降低。

④智能工厂的发展推动制造中心向交付中心转型。在新的工业革命浪潮中，传统橡胶木及制品企业制造工厂逐步开始具备信息化、数字化、智能化的要素特征，并加速向数字化、智能化工厂转型。相对于“以制造为中心”的推动式的视角，越来越多的企业从“以客户为中心、以交付为中心”的拉动式视角来看待客户需求和满意度，所有的逻辑和关键绩效指标也随之发生了变化。从工业互联网的角度来看，智能工厂以信息平台作为一个“节点”，代表的是“服务型制造”的一个“IP”。通过交付能力的网络化表现，体现智能工厂在生态圈的影响力，以及与互联网、物联网无缝连接的能力。智能工厂逐渐互联网化，需要让消费者随时能够通过网络化（移动）平台看得到其产品、产能和服务能力，甚至看得到具体订单执行过程的能力，个性化的产品还包含个性化的服务，以体现“服务型制造”的具体要义。这就要求企业供应链物流能够具备瞬时链接、快速接单、快速制造、精准承诺、适时交付的能力。基于智能工厂以交付为中心的运营使命，智能工厂以订单交付为驱动，订单准交率成为智能工厂物流运营最重要的指标和竞争力表现。

⑤区块链在供应链中的应用。橡胶木行业端到端供应链链条长、节点多，信息传递失真、上下游相互不信任是常态，区块链技术的发展将在供应链订单和计划系统产生深远的影响。区块链信息难以篡改，有利于供应链的防伪溯源；区块链各个节点的信息完全一致，可以有效防止信息传递失真和错误的理解，削弱各节点“牛鞭效应”的影响；区块链节点的数据自动更新、信息同步，以及区块链智能合约运作，可实现信息节点的自我验证、评审和执行，从理论上来讲，未来信息流时间将无限接近于零，极大地减少订单流转过程中信息的停滞、等待、倒流，大幅缩短订单交期；区块链运作不需要中介参与，可以消除节点间的信任焦虑，特别是可以在材料供应商、制造商、经销商和顾客之间形成相互信任的环境和条件。

第二节　发展趋势

一、现代流通体系的建立

流通体系在双循环新发展格局构建和国民经济发展中具有重要地位和作用。现代流通体系与高标准统一市场、高水平双循环高度融通，既是国内大循环的骨架，又是国内国际双循环的市场接口。

进入经济发展新时代，基于宏观视角和战略层面，现代流通正呈现出多元化、国际化、数字化、智能化改造和跨界融合、标准化建设和绿色发展等新特点和新趋势。今后一个时期，经济高质量发展和构建双循环新发展格局新形势对高效的现代流通体系建设提出了更高要求，锚定堵点和短板，把上游生产和下游消费相衔接，把国内流通与国际产业链供应链体系相融合，促进国内贸易和国内市场一体化，为构建以国内大循环为主体、国内国际双循环相互促进的新发展格局提供有力支撑。

二、橡胶木行业物流业外包

随着橡胶木生产企业的发展，企业越来越关注自身的核心价值能力，将物流业务外包给专业的第三方物流企业，这是物流管理的一个发展趋势。物流外包也是国外制造业普遍接受的先进物流服务理念。专业的人做专业的事，专业化分工会提高供应链整体的运作效率，降低运营成本，创造更多的价值。

三、精益供应链

精益物流（Lean logistics）起源于精益制造（Lean manufacturing）的概念。它产生于日本丰田汽车公司在 20 世纪 70 年代所独创的“丰田生产系统”，后经美国麻省理工学院教授的研究和总结，正式发表在 1990 年出版的《改变世界的机器》一书中。精益思想是指运用多种现代管理方法和手段，以社会需求为依据，以充分发挥人的作用为根本，有效配置和合理使用企业资源，最大限度地为企业谋求经济效益的一种新型的经营管理理念。精益物流则是精益思想在物流管理中的应用，是物流发展中的必然反应。作为一种新型的生产组织方式，精益制造的概念给物流及供应链管理提供了一种新的思维方式。它是以客户需求为中心，以即时管理（Just-In-Time）为着眼点，详细分析，找出不能提供增值的浪费所在，制定创造价值流的行动方案，及时创造价值，努力追求完美。因此可以说，精益物流的内涵已经远远超出了“Just-In-Time”的概念。

在传统的橡胶木产业生产和供应过程中，信息不通畅或人为主观意识和行为的阻碍导致整个供应链存在大量的非增值部分，降低了整体供应链的效率，增加了运营成本。而精益供应链是指通过消除生产和供应过程中的非增值的浪费，以减少备货时间，提高客户满意度。

精益供应链的目标是根据顾客需求，提供顾客满意的物流服务，同时追求把提供物流服务过程中的浪费和延迟降至最低程度，不断提高物流服务过程的增值效益。精益物流系统的特点：首先，拉动型的物流系统。在精益供应链系统中，顾客需求是驱动生产的源动力，是价值流的出发点。价值流的流动要靠下游顾客来拉动，而不是依靠上游的推动，当顾客没有发出需求指令时，上游的任何部分不提供服务，而当顾客需求指令发出后，则快速提供服务。系统的生产是通过顾客需求拉动的。其次，高质量的供应链系统。在精益供应链系统中，数字化的信息流保证了信息流动的迅速、准确无误，还可有效减少冗余信息传递，减少作业环节，消除操作延迟，这使得物流服务准时、准确、快速，具备高质量的特性。再次，低成本的供应链系统。精益供应链系统通过合理配置基本资源，以需定产，充分合理地运用优势和实力；通过数字化的信息流，进行快速反应、准时化生产，从而消除设施设备空耗、人员冗余、操作延迟和资源等浪费，保证其供应链服务的低成本。最后，不断完善的供应链系统。在精益供应链系统中，全员理解并接受精益思想的精髓，领导者制定能够使系统实现“精益”效益的决策，供应链全体工作人员贯彻执行，上下一心，各司其职，各尽其责，达到全面供应链管理的境界，保证整个系统持续改进，不断完善。

橡胶木行业实行精益供应链系统可以以客户需求为中心，追求准时、准确、快速，通过信息化手段，借助系统集成整合各方资源，达到降低成本、提高效率的目的。

四、供应商管理库存

长期以来，橡胶木产业供应链中的库存是各自为政的。供应链中的每个环节都有自己的库存控制策略，各自管理库存，这样橡胶木供应商等上游企业把握不准终端客户及市场的真实需求和反馈的信息。由于各自的库存控制策略不同，因此不可避免地产生了需求的扭曲现象，即所谓的需求放大或缩小现象，加重了供应商的供应和库存风险。众所周知，库存与服务水平总是相互矛盾的。提高顾客服务水平就需要更多地缓冲库存以减少缺货，提高准时交货率，而降低库存水平又会增加缺货的可能性，影响服务水平。早在 20 世纪 80 年代末，宝洁就开始实施供应商管理库存（Vender Managed Inventory，VMI），但当时并未引起学术界和企业界的重视。随着产品寿命周期缩短，需求不确定性加大，顾客对服务水平要求不断提高，VMI 的优越性也逐步显现。

关于 VMI 的定义，国外有学者认为：VMI 是一种在用户和供应商之间的合作性策略，成本对于双方都得到了优化，在一个相互同意的目标框架下由供应商管理库存，这样的目标框架被经常性地监督和修正，以产生一种连续改进的环境。VMI 主要应用于制造商与其分销商或代理商之间，是国外现代物流新管理理念之一。制造商为了准确地掌握实际需求信息，将分销商的库存纳入自己的管理范围，通过库存信息间接地了解需求信息。在 VMI 中，由制造商确定产品的销售价格，并根据库存信息决定分销商的订货点及订货量，以此为主要依据，指导并安排自己的生产活动，从而降低成本，提高物流效率。

橡胶木行业应用供应商管理库存模式会对整个供应链的形成和发展都产生影响。该模式将帮助橡胶木供应商等上游企业通过信息化手段掌握其下游客户的生产和库存信息，并对下游客户的库存调节做出快速反应，降低供需双方的库存成本。已经有许多跨国制造业巨头在使用 VMI 模式，因为该模式可以提高库存周转率，降低库存成本，消灭库存冰山，实现供应链的整体优化。

五、零库存管理

零库存管理是国外制造业在物流管理中新的库存控制理念。它是指在生产、流通、销售等环节中，在提高资本增值率、降低积压风险的前提下，商品以少量的仓库储存形式存在，而大部分处于周转状态的一种库存方式。零库存管理理念的起源，可以追溯到 20 世纪 60 年代，当时的日本丰田汽车公司实施准时制生产（Just In Time），在管理手段上采用了看板管理、单元化生产等技术，同时实现了拉式生产，生产过程中基本上没有积压的原材料和半成品，同时大大降低了生产过程中的库存及资金的积压率，提高了对相关生产环节的管理效率。此后，在国外，零库存不仅用于生产过程中，而且延伸到了原材料供应、物流配送、产品销售等各个领域，成为企业降低库存成本，提高经营效率的重要手段，如图 7-7 所示。

在橡胶木行业，如果没有资金和仓库占用，达到零库存是库存管理的理想状态。然而，由于受到不确定供应、不确定需求和生产连续性等诸多因素的制约，企业的库存不可能为零，基于成本和效益最优化的安全库存是企业库存的下限。但是，通过有效的运作和管理，企业可以最大限度地逼近零库存。此外，零库存并不等于企业不需要仓储，而是将传统仓储的储货功能转变为配货和配送功能，在仓储系统中的货物都是按订单配送的，是流动的、周转的，仓库成为物流中心而不是储存中心。准确预测及按订单组织生产是实现零库存的关键。这种模式将以最准时、最经济的生产资料采购和配送满足制造需求。

图 7-7 影响库存的因素

未来，橡胶木行业要想实现零库存，必须具备一个严密的供应商网络。在生产运营过程中，如果生产线上某一部件由于需求量突然增大导致原料不足，主管人员就会立刻联系所属供应商，确认是否可增加下一次发货的数量。如果涉及通用部件，主管将立即与后备供应商快速协商。以上操作都能在数小时内完成。同时，也可以通过信息化技术，借助零售商的合作来实现自己零库存战略。通过构建信息系统可以实时跟踪其产品与合作方的联合库存情况，从而及时制订批量生产计划，实现自动补货订单策略。这既可以减少占用的库存资源，也可以节省生产资源，进一步降低库存成本。

六、新零售模式

国务院办公厅印发《关于推动实体零售创新转型的意见》，其中提到鼓励线上线下优势企业通过多种形式整合市场资源，培育线上线下融合发展的新型市场主体。在如今的木材与木制品行业中，线上线下融合的新零售模式已成为流通发展趋势。应打通商品库、物流渠道、客流量等一系列资源，提升营业额，探寻新模式。在此后的布局中，企业应在既有业务的基础上，对于将要开拓的新业务，寻找合作伙伴，打造强强联合优势将成为更快捷、高效的手段。

线下零售供应链，普遍采用库存前置的销售流程，即先将商品运送至消费者附近，再撮合交易。商品无论是放在仓库里，还是放在超市的货架上，在销售之前，都是库存。库存越前置，对消费者而言越方便，越有可能更好地匹配交易，但库存成本和风险也越大——商品摆在一个位置优越的商场，租金可以是摆在一个遥远仓库的 10 倍。库存周转率越低，其库存成本就越高——一个小众品牌的牙膏（长尾商品），可能需要在货架上摆一周才可以卖出去；而一瓶可乐，可能只需要一天即可卖出。那么，在牙膏的合理售价中，其库存成本所占据的比例自然比可乐要高。随着互联网电商和 VR（虚拟现实）技术的发展和完善，使得库存无须前置便可交易。在交易达成后，再将商品直接运输至消费者所在地，大幅降低了库存前置的成本。

在“（移动）互联网 +”、大数据、云计算、数字孪生、AR（增强现实）/VR 等科技不断发展的背景下，行业在开放式智能产品研发、智能制造、场景式互动式顾客体验、全渠道协同销售和供应、多行业跨界融合、新零售体验闭环、智慧门店等基于互联网思维的新型商业模式得到积极的推动和应用，为相对传统的橡胶木行业带来了新的思想和活力。

第八章

橡胶木产业投资

橡胶木产业投资是指为获取预期收益，以货币购买生产要素（劳动、土地、资本、信息），从而将货币收入转化为橡胶木产业资本，形成流动资产、固定资产和无形资产的经济活动。它是指一种对企业进行股权投资和提供经营管理服务的利益共享、风险共担的投资方式。

第一节　橡胶木企业融资方式

一、货压、存货质押融资

存货质押融资是指需要融资的企业（借方），将其拥有的存货作为质物，向资金提供企业（贷方）出质，同时将质物转交给具有合法保管存货资格的物流企业（中介方）进行保管，以获得贷方贷款的业务活动，是物流企业参与下的动产质押业务。在我国，用作质押的存货范围已经得到了很大程度的扩展。采购过程的原材料、生产阶段的半成品、销售阶段的产品、企业拥有的机械设备等都可以当作存货质押的担保物。在操作过程中，第三方物流企业作为监管方参与进来，银行、借款企业和物流企业签订三方合同，银行为中小企业提供短期贷款。

现阶段国外存货质押融资主要有委托监管模式、统一授信模式和物流银行模式三种。在委托监管模式中，借款企业将质押存货交给银行以获取贷款，银行则委托物流企业对质押存货甚至借款企业进行相应的业务控制。其中，简单委托监管只要求物流企业行使一些和仓储相关的简单监管职能；严密委托监管则可能要求物流企业行使一些特殊的监管职能。统一授信模式在实践中存在两种形式：一种是银行拨给物流企业一定的授信额度，但物流企业并不自行提供贷款服务，而是在额度范围内提供辅助的监管服务，其实质仍然与委托监管模式相同。另一种是银行将一定的贷款额度拨给物流企业，由物流企业根据实际情况自行开发存货质押融资业务，设立符合实际的合约并确立相应的业务控制方式，银行只收取事先协商的资本收益。物流银行模式指物流仓储企业和银行组成专门的物流银行（也称为质押银行）直接与借款企业发生联系的存货质押融资模式。

在我国，存货质押融资主要采取了委托监管模式和统一授信模式。根据存货质押融资模式图，存货的形态分为原材料、在制品、产成品三种状态，主要的存货质押融资模式有存货质押授信、融通仓、统一授信、仓单质押授信等。

银行融资条件：橡胶木制造企业需提供产品存货、固定资产（设备等）和信用等，融资时以存货的估值为主，设备不需估值但作为补充担保。银行会增加第三方有资质监管方，主要监管产品存货数量和价值变动。例如，橡胶木木制品存货实际估值 1000 万元，银行可贷款 700 万元给融资方，第三方监管机构将对存货的数量、价值做长期监管，在运行的过程中融资方每出一份货就要把这一份货物 70% 的货款还给银行。在监管期间，若发现存货价格下跌，融资方需要补入同等价值货物或者把下跌的差额补给银行，以保证 70% 水平不变。

社会资金融资条件：一般不需要固定资产和信用做担保。放款人一般对行业比较了解，不用请第三方监管公司，自己或派人监管，双方签协议，一般可贷款估值的 70%~75% 给融资方，但是放款利息比较高（图 8-1）。

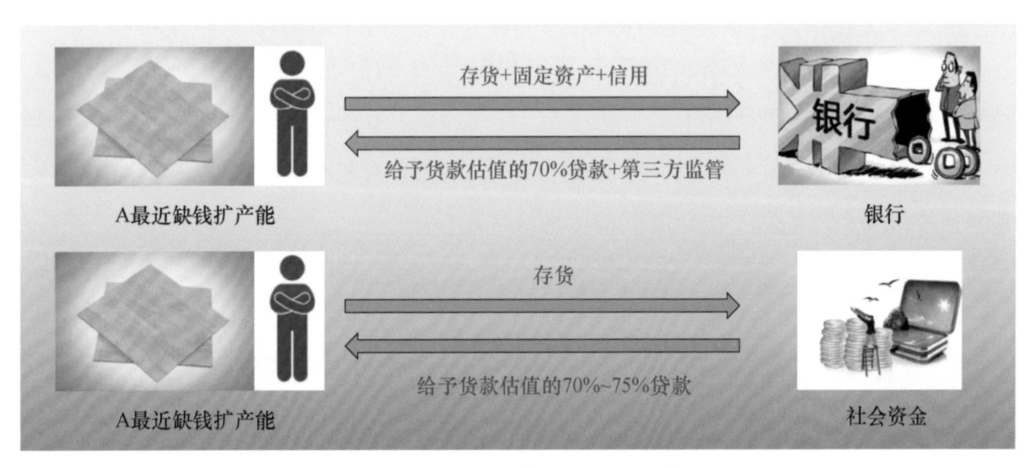

图 8-1　货压、存货质押融资

二、应收账款质押融资、反向保理

应收账款质押融资是应收账款融资方式的一种，是指企业与银行等金融机构签订合同，以应收账款作为质押品。在合同规定的期限和信贷限额条件下，采取随用随支的方式，向银行等金融机构取得短期借款的融资方式。应收账款质押融资是国际上针对中小企业的主要信贷品种之一，可盘活企业沉淀资金，是缓解中小企业融资担保难，增强中小企业循环发展、持续发展能力的重要途径。在美国，约 95% 的中小企业融资有动产担保，大部分涉及应收账款，应收账款类融资额约占全部商业贷款的四分之一。在我国，2007 年 10 月 1 日正式实施的《中华人民共和国物权法》(以下简称《物权法》) 第 223 条扩大了可用于担保的财产范围，明确规定在应收账款上可以设立质权，用于担保融资，从而将应收账款纳入质押范围，这被看作破解我国中小企业贷款坚冰的开始。2007 年 9 月 30 日，为配合《物权法》的实施，央行公布了《应收账款质押登记办法》，央行征信中心建设的应收账款质押登记公示系统也于 2007 年 10 月 8 日正式上线运行。应收账款质押登记制度的建设，为应收账款质押融资顺利实施提供了保障。

反向保理是指保理商所买断的应收账款的对家是一些资信水平很高的买家。因此，银行只需要评估买家的信用风险就可以开展保理，而授信的回收资金流也直接来自买家。其目的是构筑大买家和小供应商之间的低交易成本和高流动性的交易链，使融资困难的小供应商得以凭借它们对大买家的应收账款进行流动资金融资，并且通过让大买家的低信用风险替代小供应商的高信用风险，从而降低小供应商的融资成本。

例如，A 是 B 的供应商，每年 A 稳定供货给 B 的贸易额约为 1 亿元，如今 A 想扩大产能，但是很多资金压在了企业运营上，这时候 A 找来 B 和金融机构签订三方协议，明确权利与责任。一年内，金融机构每个月给予 A 800 万元的流动资金，并告知 B 把应付 A 的货款直接转给金融机构(图 8-2)。

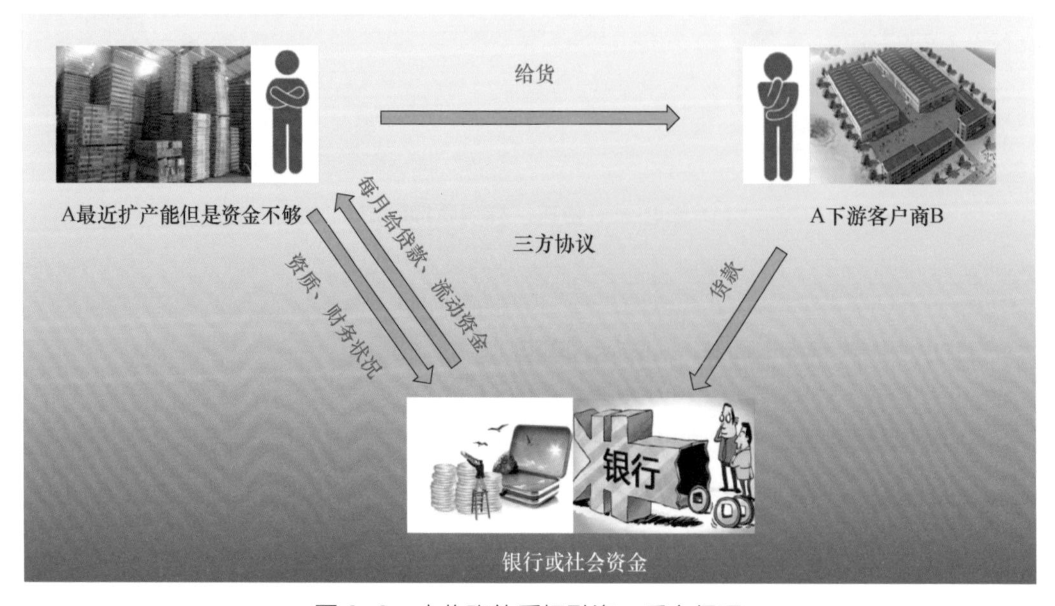

图 8-2　应收账款质押融资、反向保理

三、采购链融资

采购链融资是指计划下达、采购单生成、采购单执行、到货接收、检验入库、采购发票的收集到采购结算的采购活动的全过程，针对核心企业与下游经销商之间的资金融通。采购链融资包括厂商租赁、买方信贷、供应商赊销融资、预付款融资、动产信托。在这几种融资方式中，厂商租赁、供应商赊销融资、预付款融资是一般企业应用较多的融资方式，金融机构较少介入其中。依据企业经营生产的过程和整个供应链中物流、信息流和资金流的特点，将供应链融资划分为采购链融资、生产链融资和销售链融资。其中，采购链融资围绕设备和原材料采购而进行，是典型的融资方式，要有动产信托、供应商赊销等。采购链融资、项目链融资，以及大宗商品融资，归根结底，都是着眼于特定贸易结构下独有流程所孕育的与众不同的自偿性和组合性，以创造机会，制定方案，赢得客户。采购链处于供应链的前端，是生产的准备阶段，这个阶段工作的价值需要通过生产和销售阶段来实现，因而更具有不确定性，这就要求本阶段所采用的融资方式要么采用担保或抵押，要么资金供应方对融资方有充分的了解，才能达到降低不确定性的要求（图 8-3）。

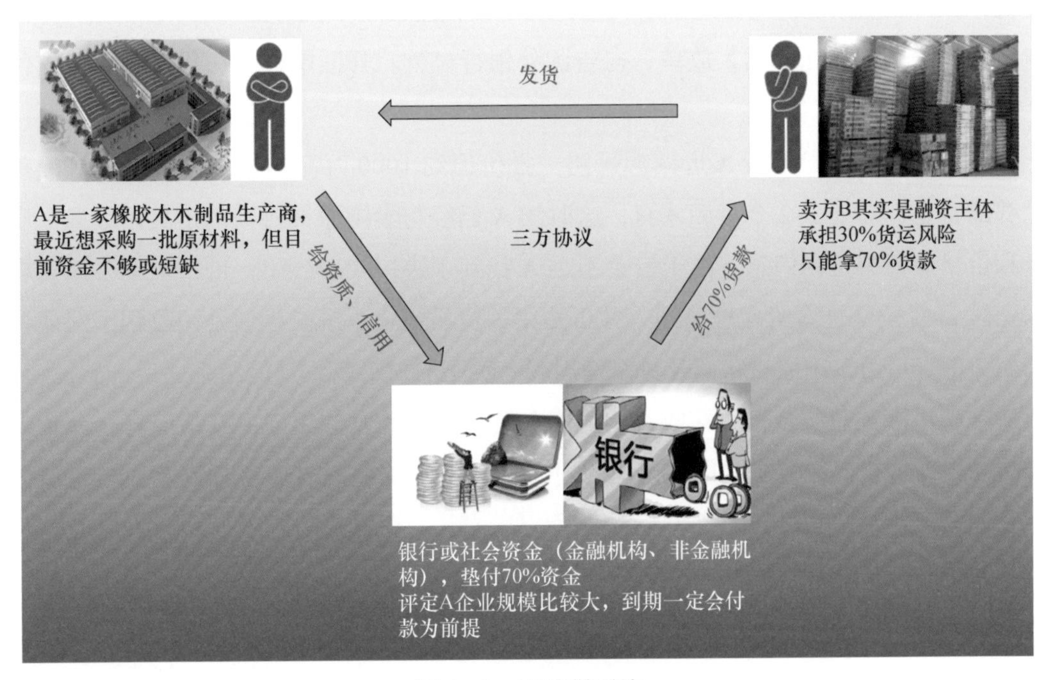

图 8-3 采购链融资

四、进出口代理、贸易融资

进出口融资是指银行对进口商或出口商提供的与进出口贸易结算相关的短期融资或信用便利，是企业在贸易过程中运用各种贸易手段和金融工具增加现金流量的融资方式。国内贸易以前多采取不规范的滞留应付款，在国内商业票据逐步发展之后，利用商业票据融资的方式得到了快速发展。在国际贸易中，规范的金融工具在企业融资中发挥了重要作用。随着我国对外贸易的迅猛发展，国内各商业银行的融资品种日益丰富。

其中，进口押汇是指开证行在收到信用证项下单据，审单无误后，根据其与开证申请人签订的《进口押汇协议》和开证申请人提交的信托收据，先行对外付款并放单。开证申请人凭单提货并在市场销售后，将押汇本息归还开证行。从某种意义上看，它是开证行给予开证申请人的将远期信用证转化为“即期信用证＋进口押汇”这样一种变通的资金融通方式，但由于一些银行以进口押汇之名掩盖垫款之实，因此其业务发展受到一定限制。

所谓进口代付，是指开证行根据与国外银行（多为其海外分支机构）签订的融资协议，在开立信用证前与开证申请人签订《进口信用证项下代付协议》，到单位凭开证申请人提交的《信托收据》放单，电告国外银行付款。开证申请人在代付到期日支付代付本息。

例如，橡胶木指接板 A 近期想采购一批价值约 1000 万元的进口锯材，但是没有足够的资金，需要 1~2 个月后才有，这时候 A 已经与泰国原材料商确定具体数量、质量和价格等相关贸易信息。由于资金不足 A 找到了进口代理公司，进口代理公司要求 A 先付 20% 的保证金给代理公司，并告知相关贸易信息，进口代理公司收到了保证金和相关信息后给泰国原材料商开具了信用证。泰国原材料商收到信用证之后开始发货，到达中国经海关验收合格并接收，这时船务公司运作触发信用证，泰国原材料商拿到货款。这时货权已经转交给进口代理公司，当 A 把货款剩下 80% 和服务费付给进口代理公司后，货权转交给 A（图 8-4）。

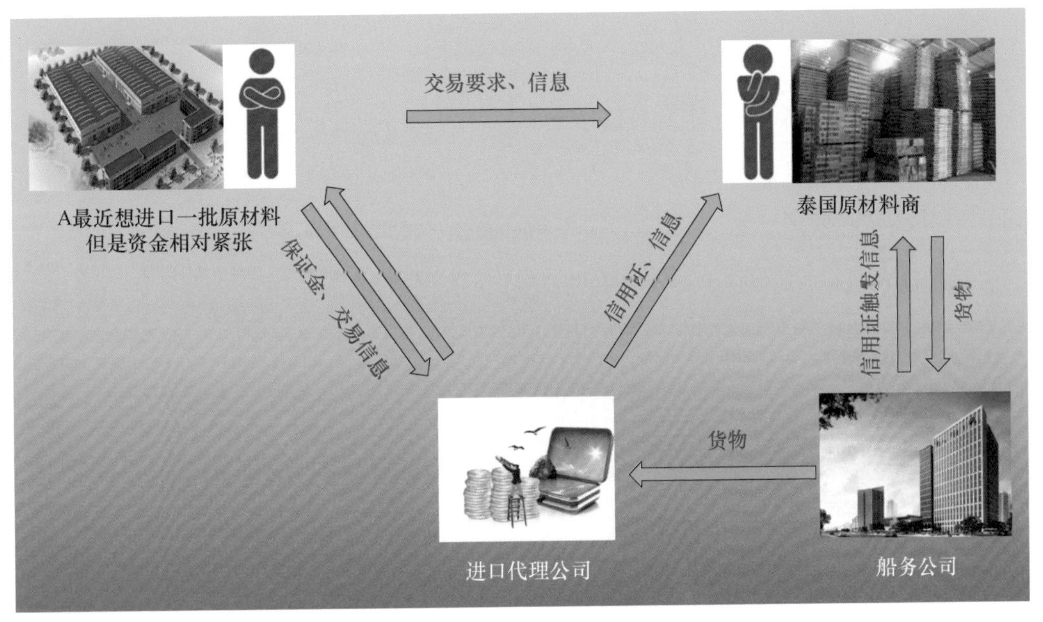

图 8-4 进出口代理、贸易融资

第二节 橡胶木企业财务投资方式

企业投资是为了获得未来的经济利益和竞争优势而把筹集到的资金投入到一定的事业或经营活动中的行为。资金投放不仅是企业战略意图的一种重要表达方式，而且是企业投资活动由计划转向实施的桥梁。财务投资的目标是指企业在特定的投资环境中，组织投资活动所要达到的目标。企业进行财务投资的目标是多元化的，不仅要涵盖企业的长短期战略目标，而且要着眼于企业的可持续发展。

例如，A 想扩大橡胶木制品产能，但是没有充足的资金，A 找到 B，B 最近手里有一笔资金正在寻找可投资的项目。B 对橡胶木制品行业比较了解，查看了 A 的采购、加工、销售、利润率、账本及近几年的运营情况，觉得可以投资。意见达成以后，对 A 的净资产进行了评估，约 5000 万元，B 投资 500 万元，同时派人参与 A 公司的董事会并对 A 全运营情况加强监管，同时让 A 承诺年回报率，签订双方协议。一般投资年回报率要高于 10% 甚至 15%（图 8-5）。

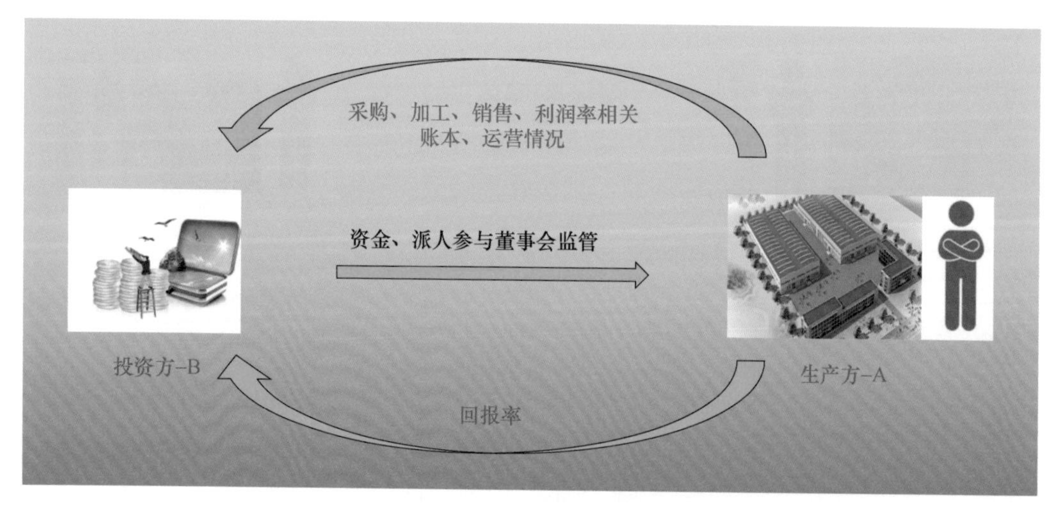

图 8-5 财务投资

第三节 橡胶木产业基金

产业投资基金是一大类概念，国外通常称为风险投资基金（Venture Capital）和私募股权投资基金，一般是指向具有高增长潜力的未上市企业进行股权或准股权投资，并参与被投资企业的经营管理，以期所投资企业发育成熟后通过股权转让实现资本增值。投资对象主要为非上市企业，投资期限通常为3~7年，积极参与被投资企业的经营管理，投资的目的是基于企业的潜在价值，通过投资推动企业发展，并在合适的时机通过各类退出方式实现资本增值收益。产业基金涉及多个当事人，具体包括：基金股东、基金管理人、基金托管人以及会计师、律师等中介服务机构，其中，基金管理人是负责基金的具体投资操作和日常管理的机构。主要有两种表现形式：公司型产业投资基金和契约型产业投资基金。

公司型产业投资基金是以股份公司形式存在或者以有限合伙形式设立，基金的每个投资者都是基金公司的股东或者投资人，有权对公司（企业）的经营运作提出建议和质疑。公司型产业投资基金是法人（合伙人），所聘请的管理公司权力有限，所有权和经营权没有彻底分离，投资者将不同程度地影响公司的决策取向，在一定程度上制约了管理公司对基金的管理运作。契约型产业投资基金不是以股份公司形式存在，投资者不是股东，而仅仅是信托契约的当事人和基金的受益者，无权参与管理决策。契约型产业投资基金不是法人，必须委托管理公司管理运作基金资产，所有权和经营权得到彻底分离，有利于产业投资基金进行长期稳定的运作。由于管理公司拥有充分的管理和运作基金的权力，契约型产业投资基金资产的支配，不会被众多小投资者追求短期利益的意图所影响，符合现代企业制度运作模式。

例如，B 通过投资 A 橡胶木木制品工厂后发现回报率可观，而且这个产业正在逐渐兴起，具备高增长的潜力，因此，B 想建立产业基金对这个区域的 10 家橡胶木企业进行投资扩产并参与经营管理。经测算，每家企业大约需要 5000 万元投资额度，整个产业需要 5 亿元。产业基金结构如下：每家企业投入 500 万元作为基金的一部分，B 作为中间层受益人投入 3000 万元，当地政府支持这个产业，投入了 5000 万元，剩下的 3.7 亿元由银行出资。那么，在运行的过程中如果亏损，那么就先赔 10 家企业的 5000 万元资金（第一劣后受益人），接着再赔中间人 B 的 3000 万元，然后赔政府的 5000 万元，最后赔银行的资金。如果投资的基金盈利了，那么 10 家企业收到的回报率最高，其次是 B，再次是政府，最后是银行（图 8-6）。

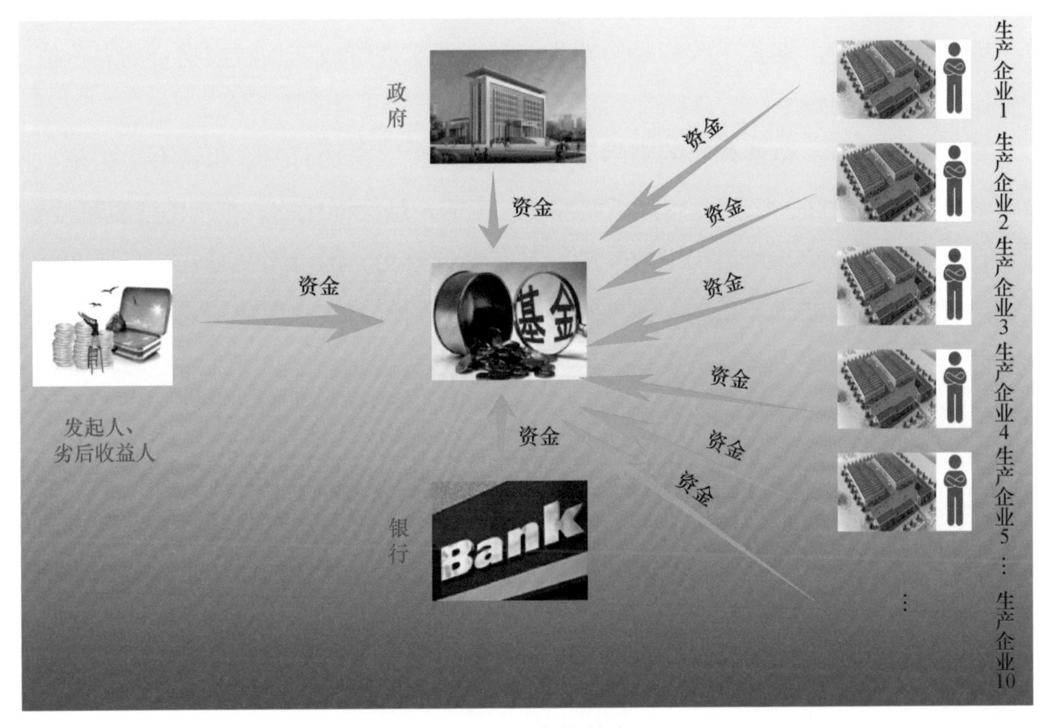

图 8-6　产业基金

第四节　橡胶木产业指数投资

指数投资的必要工具衍生品即期货，也可以不做成标准衍生品。期货与现货完全不同，现货是实实在在可以交易的货（商品），期货主要不是货，而是以某种大众产品如棉花、大豆、石油等及金融资产如股票、债券等为标的的标准化可交易合约。因此，这个标的物可以是某种商品（例如黄金、原油、农产品），也可以是金融工具。交收期货的日子可以是一星期之后，一个月之后，三个月之后，甚至是一年之后。买卖期货的合同或协议叫作期货合约，即由期货交易所统一制定的、规定在将来某一特定的时间和地点交割一定数量和质量标的物的标准化合约。买卖期货的场所叫作期货市场，投资者可以对期货进行投资或投机，期货手续费相当于股票中的佣金。对股票来说，炒股的费用包括印花税、佣金、过户费及其他费用。相对来说，从事期货交易的费用就只有手续费。期货手续费是指期货交易者买卖期货成交后按成交合约总价值的一定比例所支付的费用。

其主要特点有：期货合约的商品品种、交易单位、合约月份、保证金、数量、质量、等级、交货时间、交货地点等条款都是既定的，是标准化的，唯一的变量是价格。期货合约是在期货交易所组织下成交的，具有法律效力，而价格又是在交易所的交易厅里通过公开竞价方式产生的；国外大多采用公开叫价方式，而我国均采用计算机交易。期货合约的履行由交易所担保，不允许私下交易。期货合约可通过交收现货或进行对冲交易来履行或解除合约义务。

例如，全国有橡胶木锯材供应商约 300 家，橡胶木指接板生产厂 600 家，橡胶木家具厂 10000 家，对于锯材价格的未来走势有人看涨，也有人看跌；对于指接材也有人看涨，有人看跌；但是对于未来，没有人有把握确定是跌还是涨。正所谓“一千个读者，就有一千个哈姆雷特”，对于行业的分析也是这样。

例如，A 是橡胶木指接板生产企业，B 是橡胶木锯材供应商，C 与 B 在 5 月 1 日签订了一份协议，想在 10 月 30 日完成一场交易，即以 4800 元 / 立方米购买 4/8 尺橡胶木锯材 1000 方，10 月 30 日当天 C 要支付给 B480 万元，B 要给出 1000 方的 4/8 尺橡胶木锯材。为减少风险，双方都向电子商务平台交了 20% 货款（96 万）定金。合同编号为 2018-5，这个合同编号里面有 1000 个子序列号即 2018-5-1 至 2018-5-1000，每个序列号合同对应 1 立方米橡胶木锯材。那么到 7 月 1 日，A 觉得橡胶木 4/8 尺锯材价格会跌到低于 4300 元 / 立方米，现在他开始以 4700 元 / 立方米价格在电子交易平台抛售 10 月 30 日拿到的锯材一半的数量，而另外做橡胶木锯材供应商或做指接板生产企业的张总觉得 10 月 30 日可能会涨到 5200 元 / 立方米，因此张总向 A 买了抛售的 500 立方米的橡胶木锯材，并向电子商务平台交了 20% 的保证金（4700×500×20%=47 万元），得到的合同编号为 2018-7，子序列号 2018-7-1 至 2018-7-500。那么到了 10 月 30 日那天，监督者要核实 B 有没有交出符合要求的 1000 立方米橡胶木锯材，A 和张总的款有没有到位，没有到位的一方会被扣去一定的保证金。

指数投资如图 8-7 所示。

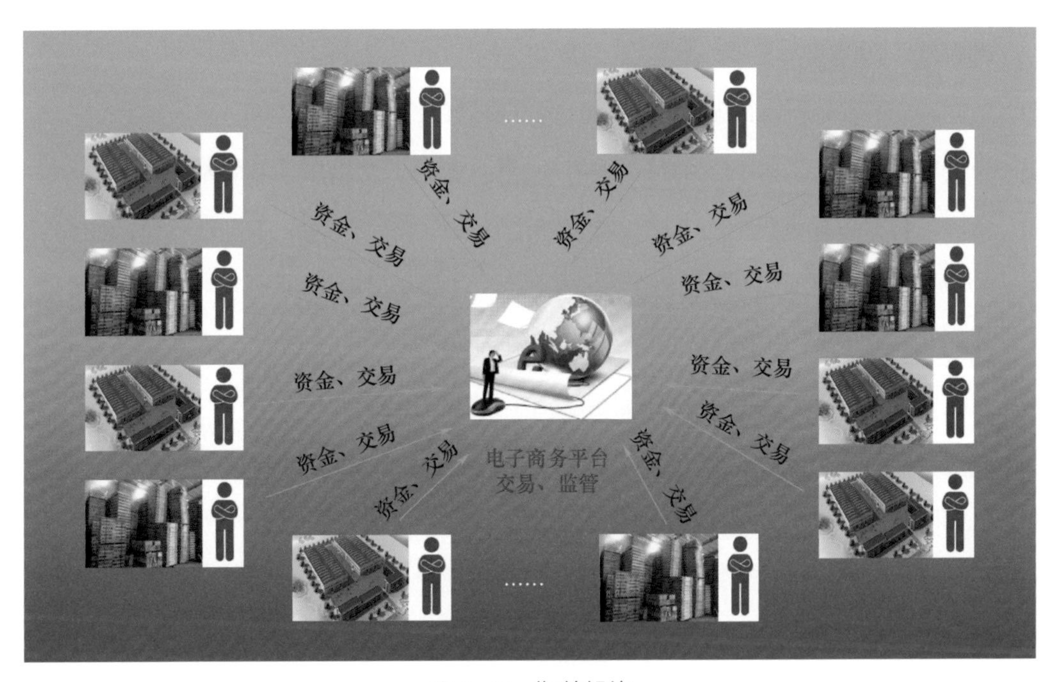

图 8-7 指数投资

参考文献

[1] 刘鹏 . 东南亚热带木材 [M]. 北京：中国林业出版社，1993.

[2] 姜笑梅 . 拉丁美洲热带木材 [M]. 北京：中国林业出版社，1999.

[3] 杨家驹，卢鸿俊 . 红木家具及实木地板 [M]. 北京：中国建材工业出版社，2005.

[4] 浙江绍兴富得利木业有限公司 . 中国实木地板实用指南 [M]. 北京：中国建材工业出版社，2003.

[5] 王传耀 . 木质材料表面装饰 [M]. 北京：中国林业出版社，2006.

[6] 杨美鑫，高志华 . 木工安全技术 [M]. 北京：电子工业出版社，1987.

[7] 高杨，肖芳 . 木地板鉴别、检验及消费维权指南 [M]. 北京：中国建材工业出版社，2007.

[8] 徐钊 . 木质品涂饰工艺 [M]. 北京：化学工业出版社，2000.

[9] 荣慧 . 中国木地板 300 问 [M]. 北京：中国建材工业出版社，2010.

[10] 齐向东 . 实用木材检验 [M]. 北京：化学工业出版社，2008.

[11] 贾娜 . 木材制品加工技术 [M]. 北京：化学工业出版社，2015.

[12] 段新芳 . 木材变色防治技术 [M]. 北京：中国建材工业出版社，2005.

[13] 高志华，杨美鑫 . 中国木门 300 问 [M]. 北京：化学工业出版社，2020.

[14] 刘彬彬，方崇荣 . 中国地暖实木地板消费指南 [M]. 北京：中国林业出版社，2018.

[15] 国家林业和草原局 . 实木地板　第 1 部分：技术要求：GB/T 15036.1—2018[S]. 北京：中国标准出版社，2018.

[16] 全国人造板标准化技术委员会（SAC/TC198）. 仿古木质地板：LY/T 1859—2020[S]. 北京：中国标准出版社，2020.

[17] 全国人造板标准化技术委员会（SAC/TC198）. 木质地板铺装、验收和使用规范：GB/T 20238—2018[S]. 北京：中国标准出版社，2018.

[18] 全国木材标准化技术委员会（SAC/TC 41）. 地采暖用实木地板技术要求：GB/T 35913—2018[S]. 北京：中国标准出版社，2018.

[19] 中华人民共和国住房和城乡建设部 . 辐射供暖供冷技术规程：JGJ 142—2012[S]. 北京：中国建筑工业出版社，2012.

[20] 翁少斌 . 中国三层实木复合地板 300 问 [M]. 北京：中国建材工业出版社，2015.